KB028372

맛있는 요리를 만드는 레시피가 있는 것처럼 웃음, 힐링, 성장을 만드는 레시피도 있을까요?
레시피팩토리는 모호함으로 가득한 이 세상에서 당신의 작은 행복을 위한 간결한 레시피가 되겠습니다.

———— 매일 만들어 먹고 싶은 ————

디톡스 스무디
& 건강음료

"나를 다시 태어나게 한
스무디와 채소수프"

시작은 뷰티였습니다. 예쁜 친구들을 보면 부러웠고, 피부가 좋아진 친구를 보면
비결이 궁금했어요. 다이어트, 매끈한 피부, 변비 탈출 등 여느 또래와 같은 고민이
많았지요. 사실 전 10대부터 제 학년보다 높게 보는 사람이 많았어요.
당시에는 키가 큰 편이라 그런가 보다 생각했는데, 20대에도 역시나 제 나이보다
많게 보더라고요. 그때는 또 화장을 원숙하게 해서 그러려니 했어요.
그러다 이유를 알게 된 건 제대로 된 채식을 시작하고 나서였습니다.
채식을 시작하기 전에는 저도 빵이나 파스타 등 밀가루 음식으로 식사를 하고,
가족 모임에서는 매번 고기를 먹고, 간식으로는 아이스크림과 과자, 우유와 유제품을
좋아하는 식습관을 가지고 있었어요. 밤에는 야식도 즐겨 먹었죠. 몸에 특별한 질병은
없지만 불편한 증상이 많은 상태를 '미병'이라고 하는데, 경험해 본 분은

이 상태가 아주 불편하고 삶의 질을 낮춘다는 걸 알 거예요. 저도 다양한 미병
증상으로 여간 불편한 게 아니었죠. 그 불편함이 아픔이 되기 전에 생활 습관을
바꾸기로 결심했습니다. 그 후 도서관에 가서 건강 서적을 닥치는 대로
찾아 읽기 시작했어요. 도서관에 있는 모든 건강 서적을 읽고 난 후에 깨달았죠.
'그래, 이거야! 날 아프게 하던 음식은 끊어내고 채소와 과일로 내 몸을 채워보자.'

가장 먼저 한 일은 밀가루, 유제품, 가공식품, 단순당을 줄이고 그 자리를 채소와
과일로 채우는 일이있어요. 그러자 안색이 맑아지고, 뾰루지가 사라지고,
팔자 주름과 모공이 점점 개선되었지요. 식습관을 바꾼 후 적어도 노안이라는 말은
안 듣게 되어서 무척 다행이라 생각하고 있어요. 외모뿐 아니라 면역력도
좋아지면서 툭하면 걸리던 감기도 더 이상 저와는 무관한 일이 되었답니다.
하지만 오랜 시간 스무디와 채소수프를 먹다 보니 과거의 내가 중요하게 생각했던
것들은 부수적일 뿐, 정말 중요한 것을 얻었습니다. 그건 바로 건강이라는 선물입니다.
스무디와 채소수프를 먹기 전의 생활을 전생이라고 하면, 전생의 저는
잔병치레가 많고 감기, 두통, 몸살을 달고 살았어요. 책상 서랍 안에 작은 약국을
차렸을 정도로 약을 많이 먹었는데, 놀라운 건 그렇게 약을 먹어도 전혀 낫지 않았다는
점입니다. 그저 고통을 좀 가라앉히는 정도였지요. 그런데 스무디와 채소수프를
마신 뒤로는 고질병이던 감기와 두통도 없어지고 더 이상 약을 쌓아두지 않게
되었습니다. 이건 다이어트에 성공했을 때와는 비교할 수도 없는 큰 기쁨이며,
삶의 질이 달라졌다는 점에서 완전히 새 인생을 얻은 기분이었습니다.

저의 인생은 스무디, 채소수프를 만나기 전과 후로 완전히 달라졌다고 할 수 있어요.
그래서 베지어클락을 운영하며 꼭 알리고 싶었던 내용이 채소를 효과적으로
많이 먹는 방법이었습니다. '뷰티투게더'라는 이름으로 그린스무디, 채소수프,
주스에 대해 강의했고 '드링크미'라는 주제로 넛밀크 수업을 진행했어요.
또한 '디톡스 주스 스무디 마스터'과정에서는 인퓨즈드 워터, 넛밀크, 주스, 스무디 등
채소와 과일을 활용한 건강 지식을 전달하는데 많은 힘을 쏟았지요.
그리고 이제 더 많은 분과 저의 경험을 나누고자 이 책을 쓰게 되었습니다.

"저의 인생은 스무디를 만나기 전과 후로
완전히 달라졌어요. 제가 경험한 긍정적 변화를
꼭 느껴보시길 바랍니다"

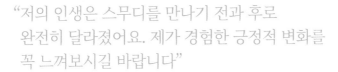

책 속의 모든 메뉴가 입맛에 딱 맞지 않을 수 있어요. 간혹 생각보다 달콤할 수도
있고, 강한 채소 맛 때문에 먹기 힘들 수도 있어요. 초심자이거나 소위 '초딩 입맛'이라면
과일이 많이 들어간 레시피를 먼저 드시고, 채소 본연의 맛을 좋아하거나
당뇨나 혈압 등의 이유로 단맛을 멀리하는 분은 채소 위주의 레시피를 고르시길
추천합니다. 컨디션과 상황에 따라 골라 먹을 수 있도록 다양한 메뉴를 담았습니다.
한 잔 두 잔 그렇게 마시다 보면 이 책이 독자 여러분을 건강한 길로 안내할 거예요.
육류, 버터, 유제품 등을 완벽하게 끊기 어려워도 괜찮습니다. 대신 채소와 과일을
조금 더 많이 먹기 위해 노력해 보세요. 식생활 패턴을 채소와 과일을 70~80%,
그 외 동물성 식품이나 가공식품 등 먹고 싶은 것을 20~30%로 설정해 딱 한 달만
실천해 보세요. 분명 기분 좋은 변화가 있을 거예요. 제가 느낀 채소의 힘을, 삶의
긍정적 변화를 독자 여러분도 꼭 느껴보시길 바랍니다.

– 2024년 6월 베지어클락 김문정

나의 스무디 이야기

스무디와 채소수프를 마시고 변화를 느낀 수강생들의 후기를 담았어요.
지금 몸에 불편함을 느낀다면 스무디를 시작해야 한다는 신호입니다.
독자 여러분도 하루빨리 시작해 변화를 만들어보세요.

사례 1 **다이어트가 쉽지 않는 갱년기 주부 이*민(53세)**

아주 마른 체형은 아닌, 보통 50대 모습이었어요. 그러다 케일과 셀러리를 넣은 그린스무디를
만나고 변화가 시작되었지요. 처음에는 케일, 셀러리, 파인애플, 코코넛워터를 넣고
달콤하게 만들어 아침저녁 식사 대용으로 마셨습니다. 꾸준히 운동하면서 스무디를 먹었더니
5개월쯤 지나자 체중이 5kg 이상 줄었어요.

사례 2 **운동해도 살이 안 빠진 직장인 기*세(28세)**

평소 운동은 많이 하지만 자취를 하다 보니 식사가 불규칙하고 배달 음식을 자주 먹었어요.
단단한 지방과 근육이 많은 얼핏 건강해 보이는 체형인데, 운동을 많이 해도 살이 잘
안 빠졌어요. 선생님 추천으로 해독수프를 알게 되어 아침 대용으로 꾸준히 마셨더니
2~3주 후 주변에서 살이 빠진 것 같다며 알아보더라고요. 앞으로도 꾸준히 마실 생각이에요.

사례 3 **과체중 폭식 학생 김*현(18세)**

과체중과 반복되는 폭식으로 스무디를 시작했어요. 하루 한 번 점심 식사 전, 그린스무디 또는
컬러스무디를 300㎖씩 꾸준히 마셨습니다. 일주일쯤 지나자 팔과 다리가 간지럽고
끈적한 땀이 나와서 걱정됐는데, 몸에 쌓여 있던 독소가 빠지는 일시적인 명현현상이었어요.
3개월이 지나자 여드름이 없어지고 체중도 4kg 이상 줄었습니다. 스트레스가 쌓이면 매운 음식을
먹고 싶은 욕구가 강했는데, 스무디를 먹고부터는 식욕 조절을 잘할 수 있게 됐어요.

사례 4 **간식 홀릭 학생 김*윤(12세)**

친구들과 간식, 떡볶이, 라면 먹는 걸 좋아하면서부터 피부 건조가 심해졌어요.
처음에는 팔과 다리만 건조하더니 점점 얼굴까지 붉게 일어났어요. 채소를 좋아하는 편이
아니어서 엄마께 과일이 많이 들어간 스무디를 부탁해서 마셨어요. 채소도 조금
넣어 주신 것 같은데, 달콤하고 맛있었어요. 일주일 넘게 마셨더니 건조함이 없어지고
붉게 변한 피부도 원래대로 돌아왔어요.

사례 **5** **피부가 고민인 요가 강사 이*영(32세)** ────────────

통통한 체형에 성인 여드름과 홍조가 심했고 피부 트러블이 생기면 잘 가라앉지 않았어요.
비트가 해독에 좋다길래 ABC스무디를 매일 아침저녁으로 마셨고, 물도 자주 마시면서
운동으로 땀 배출을 많이 했습니다. 처음에는 목 부분과 등에 여드름이 더 심하게 올라오면서
가려운 증상이 있었는데 명현현상이라는 걸 알고 일주일 정도 참았습니다. 그 후에는 증세가
완화되었고 홍조와 여드름이 거의 사라졌어요. 체중과 체지방이 감소한 것도 ABC스무디를
마시며 얻은 장점 중의 하나입니다.

사례 **6** **근력이 모자란 직장인 김*정(40세)** ────────────

채식주의자이고 마른 체형이라 기력이 떨어지지 않게 단백질 섭취에 신경 쓰는 편이에요.
소화력이 약해서 동물성 단백질이나 단단한 음식, 수분이 적은 음식은 소화하기 힘들고, 두부,
콩, 뿌리채소도 잘 소화하지 못해서 단백질은 주로 음료로 섭취해요. 두유, 귀리밀크 등을
채소, 과일, 슈퍼푸드와 함께 갈아 먹는 에너지스무디는 단백질 섭취는 물론 소화도 잘돼서 좋아요.

사례 **7** **만성피로에 시달리던 치위생사 박*연(28세)** ────────────

대부분 직장인이 그렇듯 아침은 거르거나 간단하게 커피와 빵을 먹고, 점심은 사 먹거나 배달해서
먹어요. 저녁은 집에서 먹을 때도 있고, 외식할 때도 있어요. 주말만 되면 피로가 쌓여서 평소보다
많이 붓고, 특히 눈 밑이 볼록하게 처질 정도로 다크서클이 심했어요. 아침저녁을 스무디로
4주간 먹고 난 후 동료들이 비결을 물을 정도로 얼굴 톤도 좋아지고 다크서클이 완전히 사라졌어요.

사례 **8** **변비로 고생하던 임산부 김*연(32세)** ────────────

임신 초기인데 입덧이 너무 심해서 가라앉히느라 군것질을 많이 했어요. 과자, 초콜릿, 크래커 등
당분이 높은 걸 많이 먹었죠. 그러다 보니 속은 더 안 좋고 없던 변비가 생기더라고요.
계속 이렇게 먹으면 안 될 것 같아서 선생님이 추천해 준 채소수프를 챙겨 먹기 시작했어요.
유산균 음료를 그렇게 먹어도 변비가 해결이 안 되더니 채소수프를 먹기 시작한 지 2일째부터
시원하게 해결이 되었답니다. 변비의 괴로움을 갖고 있는 임산부에게 채소수프, 강력 추천합니다!

사례 **9** **치질로 고생하던 직장인 김*주(35세)** ────────────

치질로 몇 개월을 고생했어요. 치질약 부작용 때문에 다른 방법을 찾다가 스무디와
채소수프를 알게 됐지요. 한 달간 꾸준히 마셨더니 놀랍게도 치질이 말끔하게 나았어요.
배변 활동도 원활해져서 하루하루 상쾌하게 살고 있습니다.

사례 **10** **대장암 4기 김*정 님(30세)** ────────────

대장암이라 항암치료를 받고 있는데 부작용으로 변비가 아주 심했어요. 변비약과 치질약도
소용이 없었는데 채소수프를 마신 지 3일 만에 변이 나오기 시작하더라고요. 혈변도 있었는데 함께
사라졌습니다. 저에겐 해독수프와 무, 양배추, 콜라비가 들어간 수프가 특히 효과가 좋았어요.

CONTENTS

베이직 가이드

디톡스 그린스무디
디톡스 효과가 큰 녹색 채소에 생과일을 더해 만든 건강음료

뷰티 컬러스무디
색색깔의 채소와 과일을 더해 항산화 영양소가 가득한 건강음료

고단백 에너지스무디
운동할 때 마시면 더 좋은 식물성 단백질 건강음료

인퓨즈드 워터
채소와 과일의 좋은 성분을 우린 건강한 물, 비타민 워터

해독 채소수프
익힌 채소로 만들어 따뜻하게 먹는 속 편한 건강음료

이 책의 모든 레시피는요!

☑ **표준화된 계량도구를 사용합니다.**
- 1컵은 200㎖, 1큰술은 15㎖, 1작은술은 5㎖ 기준입니다.
- 계량도구 계량 시 윗면을 평평하게 깎아 계량해야 정확합니다.
- 밥숟가락은 보통 12~13㎖로 계량스푼(큰술)보다 작으니 감안해서 조금 더 넉넉히 담아야 합니다.

☑ **채소와 과일은 중간 크기를 기준으로 제시합니다.**
- 채소와 과일의 눈대중량은 너무 크거나 작지 않은 중간 크기를 기준으로 표기했습니다. 눈대중량보다는 무게가 더 정확합니다.
- 완성 분량은 음료 특징에 따라 다르게 제시합니다. 각 레시피에 표기된 분량을 확인하세요.

ESSAY ——— 충동구매가 바꾼 나의 인생

수없이 많이 들여다본 채소 관련 책에서 반복적으로 등장한 도구가 믹서와
주서기였어요. 당시 경제 활동을 할 때가 아니라 부담스러운 가격이었는데,
어느 날 홀린 듯 둘 다 사버렸지요. 이 충동구매가 제 운명을 바꿀 줄은
그 당시엔 몰랐습니다.

그렇게 스무디를 시작으로 채소 과일식에 점점 가까워졌어요. 그러면서
건강을 되찾고, 베지어클락을 오픈하고, 책을 내고, 건강 선생님의 삶을
살게 되었으니 그날의 충동구매가 저의 인생을 바꾼 선택이었죠.
믹서와 주서기는 저에게 채소, 과일과 친해지는 오작교 역할을 해준 셈입니다.

인생의 변곡점에서 휘청거리고, 나를 잃어버린 것 같아 슬프고, 그래서
몸과 마음이 힘들어 찾던 자극적인 음식이 결국은 나를 더 힘들게 할 때
지치고 아픈 나를 위해 했던 선택이 결국은 저를 구했습니다.
여러분의 고민과 아픔은 무엇인가요? 이 책에서 여러분이 얻고 싶은 건
무엇인가요? 다이어트나 피부 개선이 목적일 수도 있고, 건강한 삶을 찾기 위해
이 책을 선택했을 수도 있어요. 무엇이 됐든 부디 이 책이
저에게 믹서가 그랬던 것처럼, 여러분의 터닝포인트가 되길 바랍니다.

매일 만들어 먹고 싶은
디톡스 스무디 & 건강음료를 소개합니다

이 책에서 소개하는 건강음료의 주재료는 채소와 과일입니다. 대부분은 생채소와 과일을 사용해 그 이점을 취하고,
몸이 차가운 분이나 추운 겨울을 위한 채소수프에는 익힌 채소를 사용합니다. 가장 많이 소개하는 형태는
재료를 믹서에 부드럽게 갈아서 만드는 스무디입니다. 또한 매일 수시로 마실 수 있는 순수한 물인 인퓨즈드 워터도 담았습니다.

디톡스 그린스무디

시금치, 케일, 근대 등 디톡스 효과가 높은 녹색 채소를 주재료로,
맛과 영양소 보충을 위해 과일을 부재료로 사용한 스무디예요.

컬러 뷰티스무디

색색의 채소와 과일을 다양하게 사용해
다양한 파이토케미컬을 섭취하는 데 목표를 두는 스무디예요.

고단백 에너지스무디

단백질 함량이 높은 콩류, 씨앗류, 견과류와
귀리밀크, 두유 등을 사용해 만든 스무디로
평소 단백질 보충용이나 운동 전후에 마시기 좋습니다.

인퓨즈드 워터

물에 과일, 채소, 허브, 향신료 등을 우려내
비타민과 미네랄을 섭취할 수 있는 맛있고 건강한 물이에요.

디톡스 채소수프

다양한 채소를 물과 함께 익혀서 그대로 먹거나 갈아서 마셔요.
생채소를 먹으면 배가 차가워 탈이 나는 분들에게
특히 추천해요.

스무디, 이래서 좋아요

1 신체 에너지 효율을 높여요

스무디는 채소를 갈아 영양 성분을 밖으로 용출한 후 섭취하는 형태이므로 소화가 쉽고 생체 이용률이 높아요. 즉, 소화할 때 쓰이는 에너지를 아껴 영양소 흡수에 사용하기 때문에 신체에서 영양소를 더 효과적으로 사용할 수 있습니다.

2 많은 양을 다양하게 먹을 수 있어요

매 끼니 채소를 종류별로 챙긴다는 건 쉽지 않은 일이에요. 더구나 일일 필요량에 맞춰 생채소로 먹기에는 그 양이 꽤 많고, 나물이나 익힌 채소로 먹기에도 조리법이 한정적이지요. 스무디로 갈아 마시면 많은 양을 다양하게 섭취할 수 있어요.

3 섬유소를 고스란히 섭취할 수 있어요

스무디는 재료를 물과 함께 곱게 갈기 때문에 섬유소를 포함한 모든 성분을 그대로 섭취할 수 있어요. 섬유소는 씹고 소화하는 데 시간이 오래 걸리고 소화도 어려운 성분인데, 믹서로 갈면 훨씬 소화가 쉬워지는 이점이 있습니다. 또한 섬유소를 함께 먹으면 과당의 흡수 속도와 흡수량을 낮추기 때문에 혈당 스파이크가 일어나지 않고 브레인포그(탄수화물이 많은 음식을 먹고 난 후 머리가 멍해지는 현상)가 없답니다.

4 재료를 알뜰하게 사용할 수 있어요

거의 모든 채소와 과일을 스무디로 만들 수 있어요. 애매하게 남는 자투리 채소나 인퓨즈드 워터를 우리고 남은 재료, 브로콜리 밑동이나 파슬리 줄기처럼 평소에 잘 쓰지 않고 떼어버리는 부분까지 모두 사용할 수 있어서 경제적이에요.

 스무디와 주스는 무엇이 다를까?

스무디가 재료를 통째로 믹서에 갈아서 만드는 반면, 주스는 재료에서 즙만 짜내는, 즉 섬유소는 포함하지 않는 음료예요. 주스는 영양 성분이 응축되어 있어서 섭취 시 아주 빠르게 흡수되는 특징이 있지요. 또한 섬유소와 단백질이 없어서 식사 대용으로 적합하지 않고, 혈당을 빠르게 올리므로 주의가 필요합니다.

이런 도구가 필요해요

믹서

스무디와 채소수프의 필수 도구예요. 가능하면 용량이 작은 것과 큰 것을 구비하면 좋은데,
한 가지만 구매해야 한다면 큰 것을 추천합니다. 1,000W 이상의 힘이 좋고 날카로운 칼날이 장착된 믹서는
스무디가 곱게 갈리고 재료를 가는 시간이 단축되는 장점이 있어요. 냉동 과일이나 견과류 등을 갈 때
특히 더 유리하지요. 믹서를 처음 구매한다면 2ℓ 정도의 넉넉한 용량에 1,000W 정도의 힘이 좋은 믹서를
추천합니다. 요즘은 충전식 무선 제품도 나와 있어서 더 간편하게 사용할 수도 있답니다.

계량 도구

스무디는 다른 요리에 비해
계량 도구가 필수적이지는 않아요.
하지만 초반에는 양을 어림짐작하기
어렵기 때문에 레시피에 나온 대로
조리도구를 사용해 계량하는 것을
추천합니다. 채소수프의 경우 물의 양에
따라서 맛이 달라질 수 있기 때문에
계량 도구를 꼭 이용하세요.

핸드블렌더

채소수프를 갈 때 핸드블렌더를
사용하기도 해요. 내용물을 옮기지 않고
간편하게 갈 수 있다는 장점이 있지요.
하지만 아주 곱게 갈리지는 않기 때문에
마시는 농도의 수프를 원한다면 믹서에
가는 것을 추천해요.

셰이커

가루류와 액체류를 혼합하는 데
사용하는 용기예요. 용량은 가장
많이 사용하는 500㎖와 200㎖가
적당합니다. 전용 셰이커가 없을
때는 뚜껑이 있는 용기로 대체해도
무방합니다.

스퀴저

레몬이나 오렌지 등 감귤류를 압착해
즙을 짜는 도구예요. 스퀴저가 없다면
과육에 포크를 찔러 포크를 돌려가며
즙을 짜거나, 과육을 스무디의 다른
재료와 함께 믹서에 넣고 갈아도 돼요.

넛밀크백

견과류는 곱게 갈아도 음료로
마시기에는 부드럽지 않기 때문에
고운 면포로 한 번 거르는 것이 좋아요.
이때 일반 면포는 조직 사이에
찌꺼기가 끼어서 세척이 어려우므로
넛밀크 전용백 사용을 추천합니다.

재료를 넣는 순서

힘이 좋은 고출력 믹서의 경우 큰 차이가 없지만, 일반 믹서나 소형 믹서를 사용하는 경우
재료를 넣는 순서에 따라 갈리는 정도가 달라져요. 칼날과 가까운 순서대로
녹색 잎채소 → 부드러운 채소와 과일 → 딱딱한 채소와 과일 → 액체류를 넣으면 대체로 더욱 곱게 갈립니다.

세척 및 딥클렌징

믹서는 사용한 직후 따뜻한 물과 세제로 닦아서 물기를 제거하는 것이 가장 좋습니다.
오래 사용하면 채소의 미네랄 성분이 컨테이너 벽에 붙어서 뿌옇게 되는 것을 볼 수 있는데,
이럴 경우 일반적인 세척 방법으로는 잘 제거되지 않기 때문에
주기적으로 딥클렌징을 하는 것이 중요해요.
우선 믹서에 따뜻한 물 3컵과 식초 1컵을 넣고 2~3시간 그대로 둡니다.
부드러운 수세미로 닦고 흐르는 물에 헹군 후 물기를 제거하면 항상 반짝이는 상태를 유지할 수 있습니다.

재료는 이렇게 세척해요

1

미지근한 물에 굵은소금 1큰술, 식초 1큰술을
넣고 잘 풀어요.

2

①의 물에 재료를 넣어 2~3분간 담가둬요.

레몬, 오렌지, 사과 등
껍질이 있는 과일은 그대로 담가요.

토마토나 방울토마토, 딸기 등
꼭지가 있는 과일은 꼭지를 떼고 담가요.

브로콜리, 콜리플라워, 포도는
송이를 떼거나 알알이 떼서 담가요.

양배추, 청경채, 시금치 등
꼭지로 묶인 잎채소는 한 잎씩 떼서 담가요.

3

흐르는 물에 충분히 헹궈요.

4

체에 받쳐 물기를 빼요.
보관할 용도의 잎채소는 키친타월을 깔고 채소를 넣은 후
키친타월로 눌러 물기를 제거해야
금방 무르지 않습니다.

재료는 이렇게 손질해요

멜론

1 2등분한 후 숟가락으로 씨를 파내요.
2 적당한 폭으로 길게 썰어요.
3 껍질 가까이 칼을 넣고 과육을 분리해요.
  ★ 스무디에는 단단한 과육까지 사용해요.

아보카도

1 칼이 씨에 닿도록 꽂은 후 360° 빙 돌려가며 칼집을 내요.
2 양손으로 잡고 비틀어 두 쪽으로 나눠요.
3 씨에 칼날을 꽂아 비틀어 뺀 후 손으로 껍질을 벗기거나 숟가락으로 과육을 발라내요.

사과 · 배

4등분한 후 씨만 제거하고 껍질은 사용해요.

시트러스류

위아래를 제거해 도마에 세운 후
옆면의 모양을 따라 껍질을 썰어내요.

단호박

1 2등분한 후 숟가락으로 씨를 파내요.
   ★ 잘 썰리지 않는다면 전자레인지에 살짝 돌려요.
2 필러나 칼로 껍질을 벗겨요.

브로콜리 · 콜리플라워

1 잎과 줄기를 떼어내요.
   ★ 잎과 줄기도 버리지 않고 스무디와 수프에 활용해요.
2 칼로 한 송이씩 떼어내요.

이렇게 프렙하면 편리해요

스무디와 수프를 그때그때 만들어 신선하게 마시는 게 가장 좋겠지만, 현실적으로 쉽지 않지요.
재료를 미리 소분해 두면 언제든 손쉽게 마실 수 있어요. 하지만 너무 많은 재료를 준비해 두는 것보다는
2~3일 이내에 소비할 수 있는 양만 소분하는 것을 추천합니다.

1 스무디 재료는 종류별 또는 색깔별로

세척 후 물기를 빼서 통에 담아요. 이때 잎채소(시금치, 근대, 케일, 청경채 등),
열매채소와 줄기채소(오이, 셀러리 등), 뿌리채소(당근, 비트 등)를 종류별로 나누거나
색깔별로 나눠 담으면 꺼내 쓰기 더 편해요.

2 채소수프 재료는 레시피대로

채소수프의 경우 재료별로 소분하는 것보다 레시피대로 계량해서 1회분씩 나눠
담아두면 그때그때 바로 사용할 수 있어요.

3 냉동할 수 있는 재료는 냉동해요

단호박이나 콜리플라워처럼 단단한 재료는 냉동해도 맛과 색이 변하지 않아요.
제철이나 가격이 저렴할 때 손질해 얼려두고 사용하세요. 토마토와 방울토마토는
여름과 겨울의 맛 차이가 크기 때문에 맛있을 때 구입해서 냉동해 두면 좋답니다.
비트와 아보카도는 소량씩 사용하기 때문에 늘 남는 재료예요. 남는 건 냉동실에 넣으면
알뜰하게 쓸 수 있어요.

채소와 과일은 이렇게 대체해요

이 책에 소개된 각각의 음료는 재료의 맛, 질감, 색, 효능까지 모두 고려한 레시피로,
되도록 소개된 재료 그대로 따라 하길 추천해요.
만약 재료를 구하기 어렵다면, 한 가지 정도는 아래의 표를 참고해 같은 그룹내 재료로 대체할 수 있습니다.
단, 과일의 경우 단맛과 신맛의 정도가 달라 맛 차이가 날 수 있습니다.
이때 맛을 조절할 수 있는 재료(꿀, 매실청, 레몬즙 등)를 소량 활용해도 됩니다.

녹색 잎채소	시금치, 근대, 케일(쌈케일, 즙케일), 상추
향 채소	셀러리, 미나리, 참나물, 쑥갓
십자화과 채소	양배추, 적양배추, 방울양배추, 배추, 브로콜리, 콜리플라워
전분질 채소	감자, 단호박, 고구마
붉은색 뿌리 채소	당근, 비트(적은 양만 사용)
시원한 맛 채소	오이, 청경채, 파프리카, 양상추
토마토	토마토, 방울토마토, 짭짤이 토마토
베리류	딸기, 블루베리, 라즈베리, 복분자, 체리
시트러스류	오렌지, 자몽, 감귤류
신맛 시트러스류	레몬, 라임
새콤달콤한 맛 과일	사과, 키위(그린, 골드), 파인애플, 포도(적포도, 청포도), 오렌지
달콤한 맛 과일	배, 멜론, 바나나, 망고, 감
시원한 맛 과일	참외, 수박, 멜론
크리미한 질감 과일	아보카도, 무화과, 바나나, 망고, 홍시

 추천해요! 재료 구입처

애플카인드(shop.applekind.co.kr) 강원도에 위치한 사과 농장. 사과 식초도 추천해요.

그래도팜(tomarrow.com) 유난히 맛있는 대추방울토마토를 비롯해 다양한 품종의 토마토를
구입할 수 있어요. 비트와 비트파우더도 추천해요.

매봉농장(titta.kr) 완숙토마토가 맛있는 곳. 시중에 판매하는 완숙토마토는 주로 수확 후 후숙하는데,
이곳은 완숙토마토를 수확하기 때문에 특히 맛이 좋아요.

나의윈손(smartstore.naver.com/sonongs) 제주에 있는 당근 농장.
당근 외에 신선한 레몬, 브로콜리, 양배추, 콜리플라워도 판매해요.

길영농원(smartstore.naver.com/jujugyfarm) 양배추, 콜리플라워, 브로콜리, 블루베리, 비트 등
다양한 제주 농산물을 한번에 구입할 수 있어요.

ESSAY—— 나만의 모닝 루틴 만들기

아침에 하는 일 중 가장 중요한 것은 배출과 채우기입니다.
오전에 배출이 가장 효과적으로 일어나기 때문에
비우는 일과 채우는 일을 현명하게 조절해야 한다는 내용을
본 적이 있어요. 원활한 배출을 위해 에너지가 온전히
배출에만 쓰일 수 있도록 에너지를 아껴야 한다고 합니다.
그래서 일어나면 깨끗한 생수 한 잔, 또는 인퓨즈드 워터를
마시면서 몸속 노폐물을 깨끗이 씻어내요.
물을 마시면 자는 동안 몸 곳곳에 쌓인 노폐물을 몸 밖으로
내보낼 수 있으니, 소량이라도 꼭 마시기를 추천합니다.

아침 식사로 가장 추천하는 것은 소화 에너지를
최소한으로 사용하는 스무디나 채소수프예요.
곱게 갈려 있어서 소화가 아주 쉬울 뿐 아니라 포만감도 좋지요.
식사에 저작 작용이 꼭 필요한 날이 있는데, 그런 때는
과일과 함께 먹거나 종종 떡이나 빵을 먹기도 합니다.
그래도 꼭 지키는 원칙은 스무디나 채소수프를 먼저 마시고
다른 음식을 먹는 건데요, 먹는 순서만 잘 지켜도
배출 효과를 최대로 끌어올리면서 식사의 만족감을 높일 수 있어요.

ESSAY—— 아니 왜 더 나빠지는 거지? 명현현상이에요!

스무디나 채소수프를 마시면서 일시적으로 불편한 증상이
나타날 때가 있습니다. 그동안 없던 문제가 생기거나
원래 있던 증상이 심해져 당황스럽고 걱정되기도 하지요.
여드름, 홍조, 간지러움, 두통, 습진 등이 그런 현상인데,
증상이 나타나는 시기도 제각각이어서 스무디나 채소수프를
먹고 하루 이틀 만에 나타나기도 하고, 일주일 후에 서서히
나타나기도 해요.

이런 증상을 '명현현상'이라고 합니다.
스무디나 채소수프를 마시면 몸 안에서 조절 작용을 일으켜
노폐물을 서서히 배출하게 되는데, 어느 순간 노폐물이
동시에 배출되거나 배출되는 양이 많을 때 발생하는 현상이지요.
명현현상이 나타나더라도 증상이 아주 힘든 경우가 아니면
중단 없이 계속 이어가는 게 도움이 되지만,
너무 힘들거나 걱정될 정도라면 섭취를 잠시 멈춰도 괜찮습니다.
혹은 먹는 양을 줄여보는 것도 방법이에요. 분량의 절반까지
줄였다가 증세가 호전되면 다시 서서히 원하는 양까지 늘려보세요.
이런 방법으로 내 몸에 맞는 양을 알 수 있답니다.

디톡스 ─── 그린스무디

 ESSAY── 처음의 그린스무디

저의 첫 그린스무디는 욕심이 과했고, 그래서 아주 충격적이었어요.
모든 책에서 그린스무디를 마시기만 하면 몸이 변하고 인생이 달라지는,
마치 만병통치약인 것처럼 말하는 덕에 잔뜩 기대감에 부풀어 있었죠.
특히 '바로', '즉각적으로' 효과를 볼 수 있다는 게 무척이나 마음에 들었어요.
그린스무디를 마시지 않을 이유가 단 한 가지도 없었지요.

처음 만들었던 그린스무디는 그야말로 '욕망 스무디'였습니다.
한 번에 큰 효과를 보고 싶은 마음에 많은 재료를 이것저것 넣어서 갈았어요.
그 결과 뻑뻑해서 잘 넘겨지지도 않을뿐더러 무슨 맛인지도 모를 정도였지요.
그 후 욕심을 완전히 버리고 재료를 단순하게, 액체류를 좀 더 많이 넣었더니
한결 마시기 편했습니다. 그럼에도 자주 손이 가진 않았어요.

그러다 그린스무디의 효과를 눈으로 직접 확인하는 사건이 생겼습니다.
어릴 때부터 아토피 피부염과 비염이 심한 친구가 있었어요.
외식이라도 하는 날엔 몸을 밤새 긁어야 할 정도로 먹는 것에 민감한 친구였는데,
그린스무디를 마시면서 피부도 깨끗해지고 비염이 낫는 것을 옆에서 지켜봤죠.
그때부터 완전하게 채소의 힘을 믿고, 그린스무디를 마시게 되었습니다.

디톡스 그린스무디란?

그린스무디는 셀러리, 시금치, 케일, 근대 등 디톡스 효과가 높은
녹색 채소를 주재료로 곱게 간 것으로,
맛과 영양소 보충을 위해 과일을 부재료로 사용하기도 해요.
그린스무디의 주된 효과는 몸속 노폐물과 독소 배출입니다.
한방에서도 녹색은 간과 연관이 되어있는데,
녹색 음식이 간을 튼튼하게 만들어 대사력을 높이고 독소를 걸러
노폐물 배출을 효과적으로 해준다고 합니다.

★ 그린스무디를 식사 대신 마실 경우는 400~500㎖,
식사 전에 마실 경우는 200~300㎖ 마시는 걸 추천해요.
★ 레시피의 대체 재료는 27쪽을 참고하세요.

그린스무디의 재료들

1 녹색 채소

셀러리, 시금치, 케일, 근대, 청경채, 오이, 브로콜리, 애호박 등을 주로 사용해요. 녹색이 진할수록
클로로필(엽록소) 함량이 높아 디톡스 효과가 더 좋은 것으로 알려져 있습니다.
셀러리는 특유의 향이 해독에 좋은 성분이고, 짠맛을 담당하는 나트륨 클러스터가 배출과 해독,
질병 예방의 기능을 가지고 있어서 각광받는 재료입니다. 향 때문에 호불호가 강한 탓에 대체 재료를
많이 물어보시는데, 재료는 대체될 수 있어도 효능을 대체할 만한 것은 없을 정도로 독보적인 효과를
가집니다. 또한 여드름, 모공, 아토피 피부 등 피부 개선에도 효과가 좋다고 알려져 있어요. 잎보다 줄기가
향이 약하지만 디톡스 효과는 잎이 크기 때문에, 향에 적응이 된다면 꼭 잎도 같이 먹길 추천해요.

2 과일

그린스무디에 많이 사용하는 과일은 사과, 레몬, 오렌지, 망고, 아보카도, 키위, 멜론, 참외, 청포도, 파인애플
등이 있는데, 사실 어떤 과일이라도 잘 어울려요. 다만 과일을 고를 때는 당도를 고려해야 합니다.
그린스무디를 처음 접한 분이라면 사과, 바나나, 망고, 키위, 청포도, 파인애플을 사용해 달콤한 버전으로
시작하는 게 좋아요. 단맛을 줄이고 싶거나 혈당이 높아지는 게 염려스럽다면 단맛이 적은 아오리사과, 레몬,
자몽, 그린키위, 아보카도를 사용하면 됩니다.

3 액체류

기본적으로 물을 사용하지만, 맛과 영양을 위해 코코넛워터, 귀리밀크, 두유 등도 사용해요. 물을 넣으면
재료의 맛을 오롯이 깔끔하게 느낄 수 있어요. 또한 물에는 다른 영양소가 없기 때문에 채소 성분 흡수에
방해가 되지 않으며, 불필요한 열량을 높이지 않습니다. 전해질이 풍부한 코코넛워터는 운동 후에 마시면
탈수를 예방할 수 있습니다. 단맛이 강해 그린스무디 초심자에게 좋은 선택지가 될 수 있지만,
열량 또한 급격히 높아지므로 주의해야 합니다. 귀리밀크, 두유를 사용하면 그린스무디의 맛이 크리미하고
부드러워져요. 그 외 녹차나 허브차, 챕터 5에서 소개하는 인퓨즈드 워터를 넣어도 좋습니다.

4 부재료

스무디에 꼭 넣는 재료 중 하나가 레몬인데, 레몬을 넣으면 잎채소 특유의 풀 향이 약해져 마시기가 훨씬
편해져요. 또한 혈액의 점도를 낮춰 혈액이 잘 흐르도록 하고, 그 결과 해독 능력을 높이는 역할을 합니다.
매실청은 간혹 단맛을 보충하고 싶을 때 한두 스푼씩 넣어요. 과일을 더 넣어도 되지만 점도가 높아지는 건
원하지 않을 때 매실청을 넣으면 은은한 단맛과 신맛이 올라가서 맛있어져요. 애플민트 등 허브잎을
넣으면 향은 물론 항균, 통증 완화에도 효과가 있어서 종종 사용합니다. 단 너무 많이 넣으면 맛을 해치거나
오히려 몸에 안 좋을 수 있으니 소량씩만 사용하세요.

그린스무디를 만드는 공식

그린스무디를 만드는 방법은 아주 간단해요. 녹색 채소, 과일, 액체류를 믹서에 곱게 갈면 됩니다.
믹서에 넣을 때는 대체로 칼날과 가까운 순서대로
녹색 잎채소 → 부드러운 재료 → 딱딱한 재료 → 액체류 순으로 넣으면 잘 갈립니다.

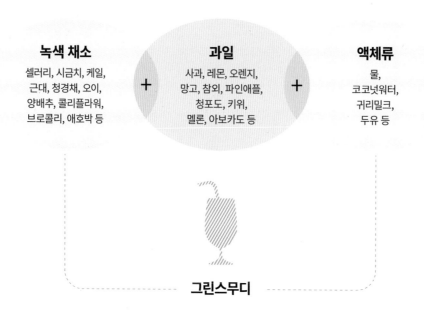

녹색 채소

셀러리, 시금치, 케일,
근대, 청경채, 오이,
양배추, 콜리플라워,
브로콜리, 애호박 등

+

과일

사과, 레몬, 오렌지,
망고, 참외, 파인애플,
청포도, 키위,
멜론, 아보카도 등

+

액체류

물,
코코넛워터,
귀리밀크,
두유 등

그린스무디

 Plus **꼭 먹어요! 십자화과 채소**

어릴 때 서점에서 암에 대한 책을 보게 됐어요. 남편이 암에 걸렸는데, 아내가 식단을 짜서 먹게 했더니
암을 이기고 건강을 되찾았다는 이야기였습니다. 식단에 삶은 브로콜리와 케일을 이용한 녹즙이 꽤 많이
포함된다는 게 인상적이었어요. 그때부터 브로콜리는 저에게 항암 식품, 암을 고치는 식품으로
강하게 자리 잡았습니다. 그 후 다양한 식재료 공부를 하면서 십자화과 채소가 어떻게 암을 고치는 식품이 되었는지
알게 되었고, 이제는 누가 어떤 채소가 가장 좋은지 묻는다면 단연코 십자화과 채소를 꼽습니다.
얼마나 좋은지 애벌레가 흔적도 없이 먹어 치우는 채소가 바로 십자화과 채소라고 해요.
십자화과 채소는 꽃잎이 열십자(十) 모양을 하고 있어서 붙여진 이름으로, 대부분의 배추과 채소들이 여기에 속해요.
배추는 물론 브로콜리와 콜리플라워, 케일, 양배추, 루꼴라, 근대, 콜라비, 순무, 무, 브루셀스프라우트(미니양배추),
양파, 파, 마늘 등이 해당됩니다. 이 중에서 케일, 양배추, 콜리플라워는 매운맛이 약해 생으로 스무디나 주스 재료로
사용하는데, 그 외 매운맛이 강한 십자화과 채소는 익혀서 먹어야 위장 장애가 일어나지 않습니다.

그린스무디 만들기 TIP

1 녹색 채소가 두렵다면? 이렇게 친해지세요

생각보다 채소 먹는 걸 두려워하는 사람들이 많아요. 게다가 '초록색 음료'라면
거부감이 더 심해지기 마련이지요. 그런 사람에게는 초록색 음료에 대한 인식을 바꿔주는 것이
아주 중요해요. 채소의 강한 향은 줄이고 과일의 단맛을 높여서 초록색에서 예상하는 '쓴맛'을
'달콤한 맛'으로 인식을 전환하는 기간이 꼭 필요합니다. 하지만 달콤한 맛에 길들여지지 않도록
어느 정도 그린스무디에 익숙해지면 과일을 줄이고 채소를 늘리는 것을 추천해요.

★ 녹색 채소의 향이 익숙하지 않다면 가장 먼저 맛과 향이 약한 시금치를 사용해요.

★ 케일이나 셀러리는 향이 강하므로 처음부터 많이 사용하는 것은 권하지 않아요.
  시금치 → 근대 → 콜리플라워 → 양배추, 애호박, 오이 → 케일 → 셀러리 순으로 시도하세요.

★ 채소와 과일의 비율을 3:7 정도로 넣어 과일의 달콤한 맛을 강조해요.
  이때 과일은 사과, 바나나, 망고, 키위, 청포도, 파인애플 등이 좋습니다.

2 스무디 당도를 조절할 수 있어요

그린스무디의 단맛은 사용하는 과일로 조절할 수 있어요. 사과, 오렌지, 골드키위, 망고, 청포도,
파인애플이 대표적으로 단맛이 강한 과일이에요. 단맛에 민감하거나 당뇨병 등 건강상의 이유로 당도 높은
과일을 피해야 한다면 단맛이 없는 재료로 대체해서 만들 수 있어요. 바나나, 망고, 골드키위는 아보카도로
대체하면 비슷한 점도를 주면서 단맛은 줄일 수 있고, 사과, 파인애플은 오이로 바꾸면 됩니다.
반대로 당도를 높이고 싶을 땐 단맛이 강한 과일로 바꾸거나 물 대신 코코넛워터를 사용할 수도 있어요.
또한 매실청을 넣는 것도 방법이 됩니다.

3 초록과 빨강의 만남은 피해요

무턱대고 원하는 재료를 다 넣어 갈았다간 마시기 애매한 비주얼과 맛이 되어버리고 말아요.
특히나 그린스무디는 이름처럼 녹색으로 만드는 게 아주 중요한데, 녹색 재료와 붉은색 재료가 만나면
회갈색이 되어 매력을 떨어뜨려요. 그래서 그린스무디에는 비트, 적양배추, 당근, 라즈베리, 블루베리는
되도록 피하거나 적은 양만 넣는 게 좋아요.

4 그린스무디에 들어가는 물은 대체 가능해요

모든 그린스무디에는 물 대신 코코넛워터, 인퓨즈드 워터(112쪽), 두유와 귀리밀크를 비롯한
식물성 밀크, 녹차, 허브차를 넣어도 괜찮아요. 다만 코코넛워터를 넣을 경우 열량이 올라가고,
두유나 귀리밀크를 넣으면 맛과 질감이 크리미해진다는 점을 기억하세요.

약 800㎖분

시금치 사과스무디

#달콤
#첫도전
#아이추천

" 그린스무디가 낯설다면 시금치와 사과로 시작해 보세요. 둘 다 향이 세지 않고
호불호가 없는 맛이라서 아이들도 좋아한답니다. 처음에는 사과를 1개로 늘려
시금치와 사과로만 먼저 시도하고, 익숙해지면 오렌지도 넣어서 맛의 범주를 넓혀보세요. "

시금치 1줌(50g)

오렌지 1개(200g)

사과 1/2개(100g)

물 2컵~2와 1/2컵
(400~500㎖)

1
시금치는 꼭지를 제거하고
적당한 크기로 썬다.

2
오렌지, 사과는 손질(23쪽)한 후
적당한 크기로 썬다.

3
믹서의 칼날에 가까운 쪽부터
시금치 → 사과 → 오렌지 → 물 순으로
넣고 곱게 간다.

약 800㎖분

아보카도 사과스무디

#크리미
#초보자
#상큼달콤

> 비기너 스무디에 적응됐다면 이제 한 단계 올려볼까요? 케일은 약간의 쓴맛과 풀 향을 가지고 있는데,
> 여기에 아보카도와 레몬즙을 더하면 케일의 맛을 중화할 수 있습니다. 또 한 가지, 스무디에 아보카도를 넣으면
> 갈았을 때 층 분리가 생기지 않아 끝까지 균일한 스무디를 먹을 수 있답니다.

쌈케일 5장(50g)

아보카도 과육 1/4개(50g)

사과 1개(200g)

레몬 1개
(100g, 또는
레몬즙 2큰술)

물 2와 1/2컵
(500㎖)

1
쌈케일을 적당한 크기로 썬다.

2
아보카도, 사과는 손질(22, 23쪽)한 후
적당한 크기로 썬다.

3
레몬은 스퀴저에 즙만 짜서 준비한다.
★ 레몬의 껍질을 제거하고 과육을 사용해도 좋다.

4
믹서의 칼날에 가까운 쪽부터
케일 → 아보카도 → 사과 → 레몬즙, 물 순으로
넣고 곱게 간다.

약 800㎖분

베이직 셀러리스무디

#셀러리도전
#베이직
#디톡스

> 셀러리는 많은 효능을 가진 매력적인 재료인데, 향이 강해서 처음부터 좋아하는 사람이 드물어요. 저도 가족들에게 처음 셀러리를 줄 때 사과를 많이 넣어서 거부감을 줄였답니다. 셀러리의 잎이 향이 더 강하기 때문에 처음엔 줄기 위주로 사용하고, 익숙해지면 잎도 같이 넣으세요. 매실청은 처음부터 넣지 말고 맛을 보고 더하길 추천해요. 〞

셀러리 약 30cm 2대
(90g)

사과 1개(200g)

레몬 1/2개
(50g, 또는
레몬즙 1큰술)

물 2컵~2와 1/2컵
(400~500㎖)

매실청 1~2큰술
(생략 가능)

1

셀러리는 잎과 줄기 모두
적당한 크기로 썬다.

2

사과는 손질(23쪽)한 후
적당한 크기로 썬다.

3

레몬은 스퀴저에 즙만 짜서 준비한다.
★ 레몬의 껍질을 제거하고 과육을 사용해도 좋다.

4

믹서의 칼날에 가까운 쪽부터
셀러리 → 사과 → 레몬즙, 물 순으로 넣고 곱게 간다.
맛을 보고 기호에 따라 매실청을 더한다.

약 800㎖분

파인애플 그린스무디

#구연산
#피로회복
#배출

" 파인애플은 스무디를 만들기 아주 좋은 재료예요. 어디에 더해도 잘 어울리고, 익은 정도에 따라서 새콤한 맛부터 달콤한 맛까지 낼 수 있지요. 파인스무디는 비타민과 구연산이 풍부해 피로 회복에 도움을 줘요. 오이를 더하면 파인애플과의 맛 밸런스도 좋고, 배출에 도움을 줘서 디톡스와 배변에도 효과적이에요. "

시금치 1줌(50g)

파인애플 링 2개(200g)

오이 약 1/3개(70g)

물 2컵~2와 1/2컵
(400~500㎖)

1
시금치는 꼭지를 제거하고
적당한 크기로 썬다.

2
파인애플 링, 오이는 적당한 크기로 썬다.

3
믹서의 칼날에 가까운 쪽부터
시금치 → 오이 → 파인애플 링 → 물 순으로
넣고 곱게 간다.
★ 레몬즙 1큰술을 추가하면
피로회복 효과가 더 크다.

케일 멜론스무디

#노폐물제거
#디톡스
#깔끔한맛

> 멜론, 수박, 참외, 오이 등 박과 식물은 소변 배출 기능이 탁월해 몸의 노폐물을 잘 제거해 줘요.
> 멜론은 단맛이 강해서 케일을 함께 썼는데, 부드러운 맛을 원한다면 시금치나 근대로 대체해도 됩니다.
> 레몬은 생략 가능하지만 효과적인 디톡스를 위해서 넣는 걸 추천해요.

쌈케일 10장(100g)

멜론 약 1/10통(250g)

레몬 1/2개
(50g, 또는
레몬즙 1큰술, 생략 가능)

물 2컵~2와 1/2컵
(400~500㎖)

1

쌈케일은 적당한 크기로 썬다.

2

멜론은 손질(22쪽)한 후 적당한 크기로 썬다.

3

레몬은 스퀴저에 즙만 짜서 준비한다.
★ 레몬의 껍질을 제거하고 과육을 사용해도 좋다.

4

믹서의 칼날에 가까운 쪽부터
케일 → 멜론 → 레몬즙, 물 순으로
넣고 곱게 간다.

약 800㎖분

케일 키위스무디

#대청소
#달지않은맛
#중급자추천

" 케일과 그린키위, 레몬즙을 넣어 단맛은 거의 없고 초록의 향이 많이 느껴져요. 키위를 사용할 때 초보자에게는 단맛이 강한 골드키위를 추천하는데, 디톡스 효과를 높이려면 그린키위를 사용하는 게 좋아요. 하루만 마셔도 몸이 정화되는 효과가 탁월해서 몸의 대청소가 필요한 날 꼭 마시는 스무디랍니다. "

쌈케일 3장(30g)

그린키위 3개(240g)

레몬 1/2개
(50g, 또는
레몬즙 1큰술)

물 2와 1/2컵
(500㎖)

애플민트 약간
(생략 가능)

1

쌈케일은 적당한 크기로 썬다.

2

그린키위는 껍질을 벗기고 적당한 크기로 썬다.

3

레몬은 스퀴저에 즙만 짜서 준비한다.
★ 레몬의 껍질을 제거하고 과육을 사용해도 좋다.

4

믹서의 칼날에 가까운 쪽부터
케일 → 그린키위 → 애플민트, 레몬즙, 물 순으로
넣고 곱게 간다.

약 800㎖분

십자화과 채소스무디

#십자화과채소
#면역력증진
#암예방

디톡스 그린스무디

양배추, 콜리플라워, 청경채 등의 십자화과 채소에 풍부한 글루코시놀레이트는 면역력 증진, 암 예방 등의 효과가 있어서 질병 예방에 아주 좋다고 알려져 있어요. 십자화과 채소는 매운맛이 약간 있기 때문에 아보카도와 새콤달콤한 매실청으로 맛을 보완하면 좋습니다. 위장이 약한 분이라면 양배추, 콜리플라워, 청경채를 한 번 찐 후 사용하는 게 좋아요.

양배추 2~3장(70g)

청경채 1개(50g)

아보카도 과육 1/2개
(100g)

콜리플라워 약 1/6개(70g)

물 2와 1/2컵~2와 3/4컵
(500~550㎖)

매실청 3~4큰술
(생략 가능)

1

양배추, 청경채는 적당한 크기로 썬다.

2

아보카도, 콜리플라워는 손질(22, 23쪽)한 후
적당한 크기로 썬다.

3

믹서의 칼날에 가까운 쪽부터
양배추 → 콜리플라워 → 청경채 → 아보카도 → 물 순으로
넣고 곱게 간다.
맛을 보고 기호에 따라 매실청을 더한다.

약 800㎖분

애호박 키위스무디

#칼륨풍부
#나트륨배출
#크림스무디

디톡스 그린스무디

애호박은 칼륨이 풍부해서 나트륨 배출에 탁월한 재료예요. 그래서 혈압이 높은 분에게 특히 추천합니다. 애호박, 아보카도를 갈면 크리미한 맛과 부드러운 질감이 되는데, 여기에 키위로 상큼한 맛을 더했어요. 만약 애호박을 생으로 먹는 것이 낯설다면 익혀서 사용하세요.

근대 5장(50g)

애호박 1/3개(90g)

아보카도 1/4개(50g)

그린키위 2개(160g)

레몬 1/2개
(50g, 또는
레몬즙 1큰술)

물 2컵~2와 1/2컵
(400~500㎖)

1
근대, 애호박은 적당한 크기로 썬다.
★ 생 애호박이 낯설다면 전자레인지에 1~2분 또는
찜기에서 2~3분간 익힌 후 사용한다.

2
아보카도는 손질(22쪽)한 후 적당한 크기로 썬다.

3
그린키위는 껍질을 벗기고 적당한 크기로 썬다.

4
레몬은 스퀴저에 즙만 짜서 준비한다.
★ 레몬의 껍질을 제거하고 과육을 사용해도 좋다.

5
믹서의 칼날에 가까운 쪽부터
근대 → 아보카도 → 애호박 → 키위 → 레몬즙, 물 순으로
넣고 곱게 간다.

약 800㎖분

셀러리 청포도스무디

#녹색채소가득
#간청소
#진한맛

한방에서 녹색 재료는 간을 튼튼하게 해준다고 합니다. 진녹색의 케일과 시금치, 디톡스의 최강자 셀러리를 모두 넣고 갈았어요. 여기에 레몬즙을 추가하면 더욱 효과 좋은 간 청소 스무디를 만들 수 있답니다.

시금치 3/5줌(30g)

쌈케일 2장(20g)

셀러리 약 30cm(50g)

청포도 1과 1/4컵(150g)

물 2와 1/2컵~2와 3/4컵
(500~550㎖)

시금치는 꼭지를 제거한 후
적당한 크기로 썬다.

2

쌈케일, 셀러리는 적당한 크기로 썬다.
★ 셀러리는 잎과 줄기 모두 사용한다.

3

믹서의 칼날에 가까운 쪽부터
시금치 → 쌈케일 → 셀러리 → 청포도 → 물 순으로
넣고 곱게 간다.
★ 레몬즙 1큰술을 추가해도 좋다,

약 800㎖분

레벨업 그린스무디

#섬유소가득
#디톡스
#끝판왕

어느 정도 그린스무디에 익숙해졌다면 적극 추천하는 스무디예요. 시금치, 청경채, 근대는 케일, 셀러리, 미나리 등 다른 녹색 채소로 대체 가능합니다. 아보카도와 키위가 채소의 쓴맛을 완화해 주기 때문에 생각보다 마시기 좋답니다. 레몬즙 대신 매실청을 넣으면 더욱 먹기 편해져요.

시금치 1줌(50g)

청경채 1개(50g)

근대 4장(40g)

아보카도 과육 1/4개(50g)

그린키위 1개(80g)

레몬 1/2개
(50g, 또는
레몬즙 1큰술)

물 2와 1/2컵~2와 3/4컵
(500~550㎖)

1

시금치는 꼭지를 제거한다.
시금치, 청경채, 근대를 적당한 크기로 썬다.

2

아보카도는 손질(22쪽)한 후 적당한 크기로 썬다.

3

그린키위는 껍질을 벗긴 후 적당한 크기로 썬다.

4

레몬은 스퀴저에 즙만 짜서 준비한다.
★ 레몬의 껍질을 제거하고 과육을 사용해도 좋다.

5

믹서의 칼날에 가까운 쪽부터
청경채 → 시금치 → 근대 → 아보카도 → 그린키위
→ 레몬즙, 물 순으로 넣고 곱게 간다.

ESSAY ——— 어째서 베리류는 베리베리 좋습니까?

'강력한 항산화제', '파이토케미컬', '눈에 좋은', '안티에이징'의 주인공,
안토시아닌! 식품 공부를 하면서 안토시아닌을 처음 접한 후 이런 특징이
있다는 사실만 알고, 아니 외우고만 살아왔죠. 그러다 자연식물식과 채식에
관심을 갖게 되고 나서 베리류는 제가 외우고 있던 단편적인 효능보다 훨씬
좋다는 것을 몸소 깨닫게 되었어요. 이제는 저의 '최애' 과일이 되었답니다.

베리류를 먹으면서 제가 느낀 변화는 우선 피붓결이 좋아지고
안색이 맑아졌다는 거예요. 안토시아닌이 세포 노화를 막아준다고
알려져 있어 열심히 챙겨 먹었지요. 요즘은 간혹 저를 동안으로 봐주시고
비결을 묻는 분들이 있는데, 그럴 때 가장 추천하는 과일이 바로
블루베리와 딸기랍니다. 그 외에 갱년기 예방, 암 예방, 시력 보호 등에도
도움이 된다고 하니 이 글을 쓰면서도 베리류를 열심히 먹어야겠다고
다시 한번 다짐해 봅니다.

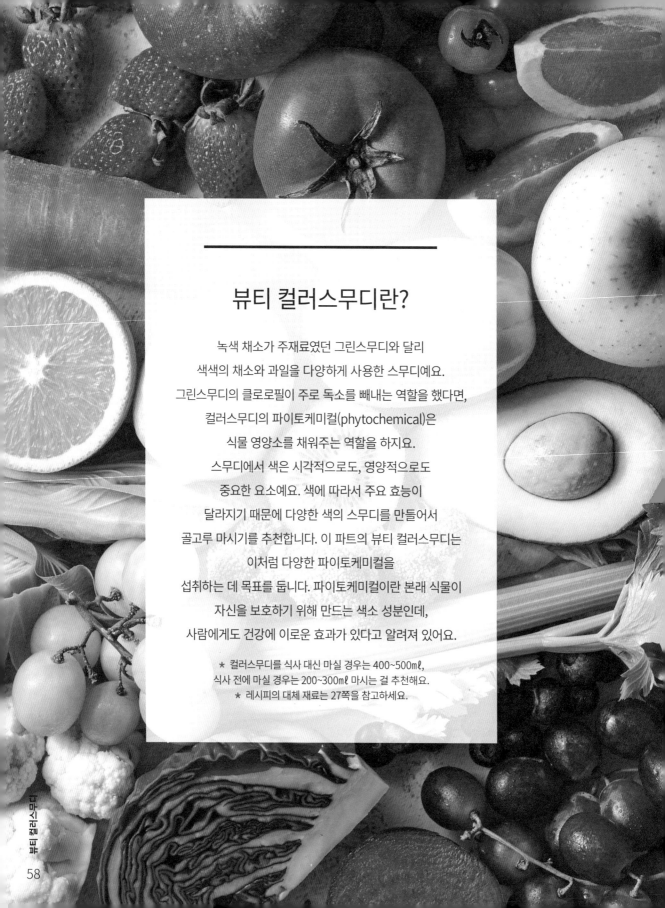

뷰티 컬러스무디란?

녹색 채소가 주재료였던 그린스무디와 달리
색색의 채소와 과일을 다양하게 사용한 스무디예요.
그린스무디의 클로로필이 주로 독소를 빼내는 역할을 했다면,
컬러스무디의 파이토케미컬(phytochemical)은
식물 영양소를 채워주는 역할을 하지요.
스무디에서 색은 시각적으로도, 영양적으로도
중요한 요소예요. 색에 따라서 주요 효능이
달라지기 때문에 다양한 색의 스무디를 만들어서
골고루 마시기를 추천합니다. 이 파트의 뷰티 컬러스무디는
이처럼 다양한 파이토케미컬을
섭취하는 데 목표를 둡니다. 파이토케미컬이란 본래 식물이
자신을 보호하기 위해 만드는 색소 성분인데,
사람에게도 건강에 이로운 효과가 있다고 알려져 있어요.

★ 컬러스무디를 식사 대신 마실 경우는 400~500㎖,
식사 전에 마실 경우는 200~300㎖ 마시는 걸 추천해요.
★ 레시피의 대체 재료는 27쪽을 참고하세요.

뷰티 컬러스무디

컬러스무디와 파이토케미컬

식물의 색과 관련된 물질인 파이토케미컬은 종류별로 각기 다른 효능을 가지고 있어요.
파이토케이컬의 종류는 현재까지 약 2,500만 개로 밝혀졌는데,
그중 흔히 볼 수 있는 다섯 가지 색의 영양소에 대해서 알아볼게요.

1 빨간색

빨간색에는 라이코펜(리코펜)과 안토시아닌,
엘라그산이 풍부해요. 라이코펜은 항암 작용과
소염 작용을 하며 기억력을 향상하고 소변
배출이 잘 되게 돕습니다. 대표적인 과일로는
토마토, 포도, 딸기, 수박, 석류, 오미자, 복분자
등이 있어요.

2 주황색

주황색 채소와 과일은 주로 베타카로틴을
함유하고 있으며, 파인애플, 귤, 오렌지, 망고,
단호박, 당근 등에 풍부해요. 심장 질환을
예방하고 면역력을 강화하며, 심장 건강에
도움이 됩니다. 또한 눈 건강과 피부 개선에도
탁월한 효과가 있어요.

3 노란색

노란색 계열의 대표적인 파이토케미컬은
카로티노이드예요. 카로티노이드는 노란색부터
빨간색까지 넓은 범위에 존재하는데, 노랑과

주황색에 특히 많답니다. 카로티노이드 계열의
성분으로는 알파카로틴, 루테인, 크립토잔틴
등이 있으며 호박과 바나나 등에 많이
들어있어요. 노폐물 배출에 좋고 항산화 효과,
노화 예방 효과를 가집니다. 루테인은 특히
눈 건강에 좋은 것으로 알려져 있어요.

4 흰색

양배추에 많은 플라보노이드는 항염증,
항암효과를 가지고 있으며, 콜레스테롤 수치를
낮추고 심장병을 예방하는 것으로 유명합니다.
사과와 배에 풍부한 케르세틴(쿼세틴)은
바이러스에 대한 저항력을 높이고 심장 건강을
개선할 뿐 아니라 암 위험도 낮춘다고 해요.

5 보라색

보라색 과일과 채소는 피를 맑게 하고
원기 회복에 도움을 주며 암 발생 위험을 낮춰요.
또한 기억력 향상과 노화 예방에도 좋다고
알려져 있습니다. 포도, 블루베리, 적양배추 등에
풍부하게 들어 있어요.

Plus 과일은 살쪄? 현명하게 과일 먹는 방법

과일은 아무래도 과당 때문에 마음껏 먹기 어려운 게 사실입니다. 특히 당뇨병 환자, 다이어터,
근육을 만드는 분, 저탄고지 식단을 하는 분은 과일 섭취를 제한하는 경우가 많지요. 하지만 과당 때문에 과일을 안 먹기에는
함께 포기하는 것이 너무 많습니다. 아래 방법으로 건강하고 똑똑하게 과일을 즐겨보세요.

1_ 비교적 당분이 적은 자몽, 자두, 베리류, 레몬, 라임 등을 스무디에 활용하세요.
과당이 많은 사과, 바나나, 오렌지에 비해 혈당을 빠르게 올리지 않고, 신맛이 강해 디톡스 효과도 훨씬 좋습니다.

2_ 사과, 바나나 등 과당이 많은 과일을 먹고 싶을 땐 케일, 근대 등 섬유소가 풍부한 채소와 함께 갈아요.
섬유소는 혈당이 급격히 올라가는 것을 막아줍니다. 과일 껍질에도 섬유소가 많기 때문에 사과나 참외 등
껍질을 먹을 수 있는 과일은 껍질째 가는 것도 방법이랍니다.

컬러스무디의 재료들

1 컬러풀 채소

컬러스무디에 많이 사용하는 채소로는 토마토, 비트, 당근, 적양배추 등이 있어요. 토마토의 라이코펜은 세포 보호와 피부 미용 그리고 항암에 효과가 좋아요. 특히 씨와 함께 있는 젤리에는 비타민 C와 콜라겐이 풍부해서 피부 미용에 결정적인 역할을 합니다.

비트의 빨간색 성분인 비탈레인에는 강력한 항암 효과가 있어요. 또한 철분 함량이 높아 빈혈을 예방하고, 간 기능을 높여 디톡스에도 효과가 있는 것으로 알려져 있습니다. 단, 비트의 알칼로이드 성분이 복통과 복부 팽만을 유발할 수 있으므로 한꺼번에 많이 섭취하는 것은 금물이에요.

당근의 주황색은 베타카로틴이 주성분인데, 몸속에서 비타민 A로 전환되는 특징이 있어요. 비타민 A는 피부에 좋아 화장품 원료로 사용하기도 한답니다.

적양배추는 보라색의 안토시아닌과 글루코시놀레이트, 인돌 등 항산화 작용과 노화 방지 역할을 하는 파이토케미컬이 풍부한 채소예요. 스무디를 만들었을 때 색도 예뻐서 컬러스무디 필수 재료랍니다.

2 과일

베리류와 시트러스류는 컬러풀 채소와 잘 어울려 특히 추천하는 과일이에요. 블루베리, 딸기, 복분자, 오디, 라즈베리 등 베리류는 피부를 좋게 하고 세포 노화를 늦추며 각종 질병 예방 효과가 있어요.

레몬, 오렌지, 자몽 등 시트러스류는 당근, 비트 등 전분이 많은 뿌리채소와 함께 갈면 뿌리채소 특유의 무거운 맛을 가볍고 상큼하게 해주는 역할을 해요. 뿌리채소의 전분류는 산(acid)과 함께 먹으면 소화가 더 잘되기 때문에 여러모로 궁합이 잘 맞지요. 시트러스류의 신맛은 몸에서 알칼리로 바뀌어 혈액의 점도를 낮추기 때문에 혈액 순환에 도움을 줍니다.

수박, 멜론, 참외 등 오이과 과일은 수분 배출과 이뇨 작용이 탁월해 몸속 독소와 노폐물을 효과적으로 제거해요. 비트, 적양배추, 토마토, 오이와 잘 어울려서 특히 여름철 스무디에 많이 사용해요.

3 액체류

그린스무디처럼 기본적으로 물을 사용하지만 귀리밀크, 두유를 사용할 수도 있어요. 귀리밀크나 두유를 사용하면 요거트 음료 같은 느낌이 나서 맛이 좋답니다. 반면 컬러스무디에는 과일이 많이 들어가기 때문에 단맛이 강한 코코넛워터는 추천하지 않아요.

4 부재료

레몬즙, 식초 등 산성 재료는 과일이나 뿌리채소의 전분으로 인해 혈당이 빠르게 올라가는 것을 막는 역할을 해요. 혈당 상승이 염려되는 분들은 스무디에 꼭 신맛을 내는 레몬즙이나 식초를 넣길 추천해요.

애플민트나 다른 허브를 소량씩 사용하면 맛을 풍부하게 할 뿐 아니라 항균 작용과 통증 완화 효과도 있어서 종종 사용해요. 너무 많이 넣으면 맛을 해치거나 오히려 몸에 안 좋을 수 있으니 주의해야 합니다.

컬러스무디 만들기 TIP

1 색 조합에 신경 써요

스무디로 나올 수 있는 주요 컬러는 빨강, 주황, 노랑, 보라색이에요.
비트나 블루베리, 라즈베리를 사용할 때는 소량만 넣어도 스무디의 색이
완전히 진해지므로 양 조절에 유의하세요. 딸기와 비트, 블루베리와 적양배추,
라즈베리와 토마토처럼 비슷한 색끼리 사용하면 갈았을 때 색도 선명하고
맛도 아주 좋답니다. 붉은색 과일이나 채소가 케일, 시금치 등 색이 진한
녹색 채소와 만나면 흑갈색의 스무디가 만들어질 수 있다는 점도 염두에 두세요.

2 당 섭취에 유의해요

컬러스무디에 자주 사용하는 채소인 비트, 당근, 양배추 등은 당분이 높은 편이라
그린스무디에 비해 당 섭취가 훨씬 많아져요. 그래서 채소와 과일의 비율을 똑같이
만들어도 컬러스무디가 그린스무디보다 더 달게 느껴질 수 있습니다.
당 섭취에 주의가 필요한 분은 꼭 스무디에 레몬즙이나 식초를 넣어서 혈당이
빠르게 오르는 것을 방지하세요.

3 냉동 과일을 적극 사용해요

제철이 아닌 과일은 아무래도 구하기가 힘들고 가격도 비싸지요. 그럴 땐
냉동 과일을 사용하세요. 특히 안토시아닌은 온도 변화에 강해 냉동을 하거나
끓여도 효능이 많이 떨어지지 않는답니다. 체리 같은 경우 믹서에 갈기 위해서
씨를 제거해야 하는데, 냉동 체리를 사용하면 씨가 없어 편리해요.

약 800㎖분

ABC스무디

#내장지방제거
#해독주스
#항염증

" 사과(apple), 비트(beet), 당근(carrot)은 영양, 맛, 색깔까지 무엇 하나 빠지는 게 없는 멋진 조합이에요. 특히 혈당이 높은 분들은 기존의 주스 버전보다 섬유소가 많은 스무디 버전을 더 추천합니다. 여기에 레몬즙을 넣으면 혈당이 급격히 오르는 걸 막을 수 있어요. "

사과 1/2개(100g)

당근 1/2개(100g)

비트 1/8개(50g)

레몬 1/2개
(50g, 또는
레몬즙 1큰술)

물 2와 1/2컵(500㎖)

1

사과는 손질(23쪽)한 후 적당한 크기로 썬다.

2

당근, 비트는 필러로 껍질을 벗긴 후
적당한 크기로 썬다.

3

레몬은 스퀴저에 즙만 짜서 준비한다.
★ 레몬의 껍질을 제거하고 과육을 사용해도 좋다.

4

믹서의 칼날에 가까운 쪽부터
사과 → 당근 → 비트 → 레몬즙, 물 순으로
넣고 곱게 간다.

약 800㎖분

당근 사과스무디

#피부지킴이
#비타민C
#베타카로틴

" 대학원 시절 읽은 당근에 대한 논문 중 기억에 남는 게 있어요. 바로 '피부에 좋다'.
당근은 수분감이 적어 스무디에 많이 넣으면 목 넘김이 힘든 단점이 있는데, 그럴 땐 당근즙을 넣는 것도
방법이에요. 적양배추는 일반 양배추와 효능은 비슷하지만 매운맛이 덜해서 마시기 쉽습니다. "

사과 1개(200g)

당근 1/5개(40g)

적양배추 약 3장(100g)

레몬 1/2개
(50g, 또는
레몬즙 1큰술)

물 2컵~2와 1/2컵
(400~500㎖)

1

사과는 손질(23쪽)한 후 적당한 크기로 썬다.

2

당근은 필러로 껍질을 벗긴 후 적당한 크기로 썬다.

3

적양배추는 적당한 크기로 썬다.

4

레몬은 스퀴저에 즙만 짜서 준비한다.
★ 레몬의 껍질을 제거하고 과육을 사용해도 좋다.

5

믹서의 칼날에 가까운 쪽부터
적양배추 → 사과 → 당근 → 레몬즙, 물 순으로
넣고 곱게 간다.

약 800㎖분

당근 오렌지스무디

#비타민폭탄
#감기예방
#데일리

" 비타민이 풍부해 면역력 증진과 감기 예방 등에 좋은 시트러스류를 신맛 때문에 잘 못 먹는 분들을 위해 만든 레시피입니다. 오렌지와 당근, 사과를 함께 갈아 신맛을 줄이고 영양을 더했지요. 데일리로 마시기에도 부담 없답니다. "

오렌지 1개(200g)

사과 1/2개(100g)

당근 1/4개(50g)

물 2컵~2와 1/4컵
(400~450㎖)

1

오렌지, 사과는 손질(23쪽)한 후
적당한 크기로 썬다.

2

당근은 필러로 껍질을 벗긴 후
적당한 크기로 썬다.

3

믹서의 칼날에 가까운 쪽부터
오렌지 → 사과 → 당근 → 물 순으로 넣고 곱게 간다.
★ 신맛을 원하면 식초나 레몬즙 1큰술,
단맛을 원하면 매실청 1큰술을 추가한다.

토마토 사과스무디

#다이어트
#포만감
#피부반짝

> 어느 연예인이 체중 관리할 때 사과와 토마토를 먹는다는 뉴스를 보고 호기심이 생겨 만들었어요.
> 처음에는 두 재료를 작게 썰어서 샐러드로 먹었는데, 의외로 맛도 잘 어울리고 포만감도 좋더라고요.
> 스무디 버전으로 만들 때는 여기에 적양배추와 비트도 추가했어요.

사과 1/2개(100g)

토마토 1개(200g)

적양배추 2장(60g)

비트 약 1/13개(30g)

물 2컵(400㎖)

1

사과는 손질(23쪽)한 후 적당한 크기로 썬다.

2

토마토, 적양배추는 적당한 크기로 썬다.

3

비트는 필러로 껍질을 벗긴 후 적당한 크기로 썬다.

4

믹서의 칼날에 가까운 쪽부터
적양배추 → 사과 → 토마토 → 비트
→ 물 순으로 넣고 곱게 간다.
★ 식초나 레몬즙 1큰술을 넣어도 좋다.

약 800㎖분

토마토 당근스무디

#요거트느낌
#피부미인
#라이코펜

" 제가 아는 모든 피부 미인의 공통점이 토마토를 즐겨 먹는다는 거예요. 그 사실을 알고부터
토마토를 열심히 먹게 되었지요. 방울토마토를 귀리밀크와 갈아서 토마토 요거트 느낌으로 만들었어요.
여기에 당근과 허브를 넣어서 단조로운 맛을 개선했습니다. "

방울토마토 20개(300g)

당근 1/2개(100g)

바질 약간
(또는 파슬리, 생략 가능)

물 1컵~1과 1/4컵
(200~250㎖)

귀리밀크 1컵
(200㎖, 또는
두유, 아몬드밀크)

1

당근은 필러로 껍질을 벗기고
적당한 크기로 썬다.

2

믹서의 칼날에 가까운 쪽부터
방울토마토 → 당근 → 바질 → 물, 귀리밀크 순으로
넣고 곱게 간다.
★ 단맛을 원하면 매실청 1큰술을 추가한다.

약 800㎖분

토마토 딸기스무디

#레드파워
#면역력강화
#노화예방

" 딸기와 토마토의 맛이 잘 어울리는 것 알고 계시나요? 처음에 색깔만 맞추려고 같이 갈았다가 맛이 엄청 잘 어울려서 놀랐던 생각이 나요. 여기에 물 대신 귀리밀크를 절반 넣었더니 훨씬 부드러워졌답니다. 딸기 대신 모든 베리류로 대체 가능합니다. "

딸기 10개(200g)

방울토마토 6~7개(100g)

적양배추 2장(60g)

비트 1/20개(20g)

물 1컵~1과 1/4컵
(200~250㎖)

귀리밀크 1컵
(200㎖, 또는 두유,
아몬드밀크)

1

딸기, 적양배추는 적당한 크기로 썬다.

2

비트는 필러로 껍질을 벗기고
적당한 크기로 썬다.

3

믹서의 칼날에 가까운 쪽부터
딸기 → 적양배추 → 방울토마토 → 비트
→ 물, 귀리밀크 순으로 넣고 곱게 간다.

약 800㎖분

토마토 수박스무디

#여름스무디
#나트륨배출
#부종완화

" 수박은 수분 함량이 많고 이뇨 작용이 뛰어나 여름 스무디에 꼭 포함되는 재료예요.
수박의 가벼운 맛은 토마토의 감칠맛으로 보완했고, 적양배추로 섬유소와 영양을 더했어요.
양배추 대신 셀러리를 넣어도 색다르게 즐길 수 있답니다. "

수박 과육 2컵(400g)

토마토 3/5개(120g)

적양배추 3장(90g)

레몬 1개
(100g, 또는
레몬즙 2큰술)

물 1컵~1과 1/4컵
(200~250㎖)

1

수박은 과육만 발라낸 후 씨를 제거하고
적당한 크기로 썬다.

2

토마토, 적양배추는 적당한 크기로 썬다.

3

레몬은 스퀴저에 즙만 짜서 준비한다.
★ 레몬의 껍질을 제거하고 과육을 사용해도 좋다.

4

믹서의 칼날에 가까운 쪽부터
수박 → 토마토 → 적양배추 → 레몬즙, 물 순으로
넣고 곱게 간다.

약 800㎖분

시트러스스무디

#자몽나린진
#지방아웃
#디톡스

66 다이어트를 할 때마다 즐겨 마시는 스무디예요. 자몽의 나린진 성분이 지방 분해를 돕는다는 점에서 힌트를 얻어 만들었습니다. 더 강력한 디톡스를 원한다면 레몬을, 더 큰 지방 분해 효과를 원한다면 자몽의 양을 늘리세요. 오렌지는 많이 넣으면 과당 흡수가 빠르게 늘어날 수 있으니 자몽보다 많이 넣지 않는 게 좋아요. 맛을 보고 신맛이 너무 강하다면 레몬을 줄여도 괜찮아요. 99

자몽 1/3개(150g)

오렌지 1/2개(100g)

레몬 1/2개
(50g, 또는
레몬즙 1큰술)

물 2와 1/2컵(500㎖)

1

자몽, 오렌지, 레몬은 손질(23쪽)한 후
적당한 크기로 썬다.

2

믹서의 칼날에 가까운 쪽부터
레몬 → 오렌지 → 자몽 → 물 순으로
넣고 곱게 간다.

체리 파인스무디

#신체회복력
#항산화
#근손실방지

> 체리는 항산화 성분이 풍부한 과일로 신체 회복을 돕고, 비트는 근육에 혈액과 산소 유입을 돕는 역할을 해요. 그래서 이 둘을 함께 먹으면 근 손실을 막는 동시에 근육이 효과적으로 일하게 돼요. 체리 생과는 구하기 힘든 때가 많고 씨 제거도 번거로운데, 냉동 체리를 사용하면 편리하답니다. "

냉동 체리 1과 1/4컵(150g)

파인애플 링 1개(100g)

비트 약 1/13(30g)

당근 약 1/7개(30g)

레몬 1/2개
(50g, 또는 레몬즙 1큰술)

물 2와 1/2컵(500㎖)

1

파인애플 링은 적당한 크기로 썬다.

2

비트, 당근은 필러로 껍질을 벗긴 후
적당한 크기로 썬다.

3

레몬은 스퀴저에 즙만 짜서 준비한다.
★ 레몬의 껍질을 제거하고 과육을 사용해도 좋다.

4

믹서의 칼날에 가까운 쪽부터
냉동 체리 → 파인애플 → 당근 → 비트 → 레몬즙, 물
순으로 넣고 곱게 간다.

약 800㎖분

퍼플스무디

#레드와인닮은
#안토시아닌
#항산화

> 안토시아닌이 풍부한 보라색 재료들로 만든 스무디예요. 보라색 색소인 안토시아닌은 항상화 물질 중에서도 가장 큰 효과가 있는 것으로 알려져 있습니다. 포도는 알맹이보다 껍질에 영양이 많기 때문에 껍질째 갈아 스무디로 마시는 게 더 효과적이에요.

적포도 1과 2/3컵(200g)

블루베리 1컵(100g)

적양배추 2~3장
(60~90g)

레몬 1/2개
(50g, 또는
레몬즙 1큰술)

물 2컵(400㎖)

1

적양배추는 적당한 크기로 썬다.

2

레몬은 스퀴저에 즙만 짜서 준비한다.
★ 레몬의 껍질을 제거하고 과육을 사용해도 좋다.

3

믹서의 칼날에 가까운 쪽부터
블루베리 → 적양배추 → 적포도 → 레몬즙, 물 순으로
넣고 곱게 간다.

약 800㎖분

귀리 복분자스무디

#요거트대신
#부드러운맛
#안토시아닌

베리류와 요거트는 맛도 좋고 색도 예뻐서 흔히 먹는 조합이에요. 하지만 유제품인 요거트를 자주 먹으면 염증이나 피부 트러블의 원인이 될 수 있지요. 그래서 비슷한 느낌으로 요거트 대신 식물성 귀리밀크를 사용했어요. 물 대신 귀리밀크를 많이 넣을수록 더 부드럽게 즐길 수 있답니다. "

복분자 1컵(100g)

사과 3/4개(150g)

적양배추 3장(90g)

물 1과 1/2컵~1과 3/4컵
(300~350㎖)

귀리밀크 1/2컵
(100㎖, 또는
두유, 아몬드밀크)

1

사과는 손질(23쪽)한 후 적당한 크기로 썬다.

2

적양배추는 적당한 크기로 썬다.

3

믹서의 칼날에 가까운 쪽부터
복분자 → 적양배추 → 사과 → 물, 귀리밀크 순으로
넣고 곱게 간다.

약 800㎖분

V5스무디

#5가지재료
#디톡스
#활력충전

"" 혹시 V8주스를 아시나요? 채소 8종을 갈아서 만든 주스로 미국에서 출시된 제품인데, 이 주스를 처음 먹었을 때 너무 맛없어서 충격 받았던 기억이 나요. 그때는 채소에 익숙하지 않을 때라 더 그렇게 느꼈었죠. V5스무디는 5가지 채소와 과일로 만든 건강한 맛의 스무디로 마시자마자 디톡스에 딱 좋은 맛이라는 생각이 들더라고요. 마시기 어렵다면 물 대신 코코넛워터를 넣거나 물의 일부를 사과주스로 대체해도 괜찮아요. ""

브로콜리 1/6개(50g)

사과 1/2개(100g)

당근 1/4개(50g)

적양배추 2장(60g)

토마토 1/2개(100g)

물 2컵~2와 1/2컵
(400~500㎖)

1

브로콜리, 사과는 손질(23쪽)한 후
적당한 크기로 썬다.

2

당근은 필러로 껍질을 벗긴 후 적당한 크기로 썬다.

3

적양배추, 토마토는 적당한 크기로 썬다.

4

믹서의 칼날에 가까운 쪽부터
토마토 → 사과 → 브로콜리 → 적양배추 → 당근
→ 물 순으로 넣고 곱게 간다.

고단백 ——— 에너지스무디

ESSAY ——— 나만의 넛밀크를 만들어보세요

어릴 때 우유를 정말 좋아하고 많이 마셨어요.
유제품이 좋은 점도 있지만, 단백질 과잉 섭취 위험도 있고
염증을 일으키거나 호르몬에 영향을 줄 수도 있어서 걱정이 되었죠.
그때 견과류로 우유와 비슷한 건강음료를 만들 수 있다는 걸 알게 되었어요.
호기심이 생겨 꼭 먹어보고 싶었는데, 당시만 해도 국내에
판매하는 곳이 없었지요. 결국 직접 아몬드밀크를 만들기로 했어요.

아몬드를 하룻밤 불려서 고출력 믹서에 곱게 갈고,
넛밀크백이 없어서 면포에 걸러 만든 아몬드밀크는
생각보다 밋밋한 맛이었지만 고소한 끝맛이 정말 매력있었어요.

요즘은 아몬드를 착즙기에 짜는 방법도 있어서 훨씬 쉽게 만들 수 있지만,
이 책에서는 오리지널 아몬드밀크와 거르지 않아도 돼서 좀 더 간편한
캐슈밀크 두 가지를 소개하니 만들어보세요. 시중에 다양한 종류의
넛밀크가 나오지만 내가 직접 만드는 것과는 확연히 다르니까요.
나만의 넛밀크 하나쯤 만들 줄 아는 것도 멋지잖아요.

고단백 에너지스무디란?

시판 단백질 음료는 대부분 우유에서 추출한 유청단백질이나
콩에서 추출한 분리대두단백질이 주재료입니다.
유청단백질의 경우 소화가 잘 안될 수 있고, 대두단백질은
대두 유전자 변형 등의 이슈가 있지요. 뿐만 아니라 단맛도 강하고
첨가물도 많이 들어 있어요. 에너지스무디는 이런 단점을
보완하기 위해 단백질 함량이 높은 콩류, 씨앗류, 견과류,
그리고 다양한 곡물과 가루류로 만든 스무디입니다.
음료 베이스 또한 물보다는 귀리밀크, 두유, 넛밀크 등을 사용했지요.
이렇게 만든 스무디는 평상시 간편하게 단백질 보충용으로
마실 수 있습니다. 특히 질병이나 선천적인 이유로
단백질을 잘 소화하지 못하는 분들이 있는데,
스무디로 마실 경우 소화도 쉽고 에너지도 보충할 수 있어
도움이 됩니다. 또한 운동 전후에 단백질 파우더 대신 마시면
운동 효과를 높일 수 있습니다.

★ 에너지스무디를 식사 대신 마실 경우는 400~500㎖,
식사 전에 마실 경우는 200~300㎖ 마시는 걸 추천해요.
★ 레시피의 대체 재료는 27쪽을 참고하세요.

에너지스무디의 재료들

1 채소와 과일

채소와 과일에는 단백질이 없다고 생각하기 쉬운데, 그렇지 않습니다.
녹황색채소에는 100g당 3~5g의 단백질이, 과일에는 100g당 2~3g의 단백질이
함유되어 있어요. 여기서는 케일, 오이, 베리류, 아보카도, 청포도를 주로
사용했는데, 특히 아보카도는 과일 중에서도 단백질 함량이 높은 편으로
100g당 3~4g의 단백질로 구성되어 있습니다.

2 곡류와 콩류

귀리(오트밀), 미숫가루, 병아리콩, 콩가루, 카카오닙스 등의 곡류와 콩류는
단백질 함량이 매우 높은 재료입니다. 귀리와 미숫가루 100g에는
단백질이 무려 15~16g 함유되어 있지요. 카카오닙스는 콩류로 분류되는데,
100g에 13g의 단백질이 있다고 합니다. 100g당 20~40g의 단백질을
함유한 콩류는 식물성 식품 중 단백질이 가장 많은 재료이므로 삶은 콩, 콩가루,
두유 등의 형태로 다양하게 섭취하면 좋습니다.

3 견과류와 씨앗류

아몬드, 캐슈너트, 치아시드, 햄프시드, 참깨, 들깨 등 견과류와 씨앗류도
단백질 함량이 높은 재료로 100g당 18~22g의 단백질을 함유해요.
다양한 스무디에 첨가해도 되고, 넛밀크로 만들어 활용할 수도 있습니다.

4 액체류

에너지스무디에는 물 대신 식물성 밀크를 사용하면 손쉽게 단백질 함량을
높일 수 있어요. 두유나 귀리밀크, 아몬드밀크 등 시판 제품을 사용해도 되고,
아몬드밀크(92쪽)이나 캐슈밀크(94쪽)를 만들어 다른 스무디에 넣어도 좋아요.

넛밀크란?

넛밀크(nut milk)는 견과류로 만든 우유 대체 식물성 건강음료예요.
넛밀크가 우유에 견과류를 넣어 만드는 것이라고 생각하는 경우가 많은데,
순수하게 견과류 100%로 견과류와 물만 있으면 특별하거나 복잡한 도구 없이 만들 수 있습니다.
직접 만드는 넛밀크는 시판 제품보다 신선하고 진한 맛이 좋아요.
견과류는 아몬드, 캐슈너트, 마카다미아 등을 주로 사용하며, 소금을 한 꼬집 넣으면 고소한 맛이 더 진해집니다.

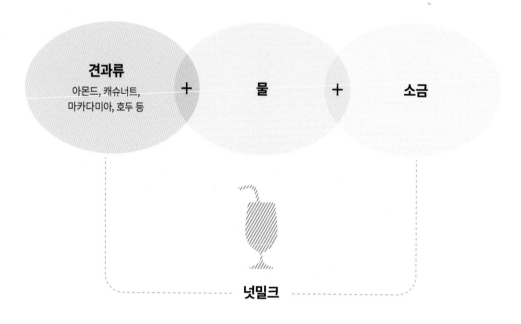

견과류
아몬드, 캐슈너트,
마카다미아, 호두 등

+

물

+

소금

넛밀크

Plus 버리지 말고 사용해요! 아몬드펄프

아몬드밀크(92쪽)를 만들고 남은 펄프는 말려서 베이킹이나 스무디 재료로 사용할 수 있어요.
오븐이나 건조기에 넣고 50℃ 이하에서 천천히 건조한 후 냉장(10일) 또는 냉동(30일) 보관해요.
말린 아몬드펄프로 만들 수 있는 쿠키 레시피를 소개합니다.

재료 아몬드 160g, 씨 제거한 대추야자 220g(또는 다른 말린 과일),
말린 아몬드펄프 210g, 땅콩버터 80g, 치아시드 1큰술, 카카오파우더 2작은술,
인스턴트 커피가루 2작은술(생략 가능), 토핑용 치아시드 적당량

만들기 1_ 믹서에 아몬드를 넣고 곱게 간 후 씨를 뺀 대추야자를 넣고 간다.
2_ 볼에 토핑용 치아시드를 제외한 나머지 재료를 모두 넣고 섞은 후 한입 크기로 동그랗게 뭉친다.
3_ 다른 볼에 토핑용 치아시드를 담고 ②를 넣어 굴린 후 오븐팬에 올린다.
4_ 180℃로 예열한 오븐에 넣고 10분간 굽는다.

에너지스무디 만들기 TIP

1 열량에 주의해요 ─────────────────

고단백 에너지스무디는 콩류, 곡류, 견과류, 씨앗류, 넛밀크 등을
재료로 사용하기 때문에 다른 스무디나 채소수프에 비해 열량이 높은 편이에요.
평소 식사량이 많거나 너무 많이 마실 경우 지방과 열량 섭취도 같이 늘게 되므로
특히 체중 조절을 하는 경우 주의가 필요합니다.

2 물과 넛밀크의 비율은 기호에 따라 ─────────────

이 책에서 소개하는 레시피에는 열량과 식감을 고려해 물과 넛밀크를 같이 사용했어요.
만약 가볍게 마시고 싶다면 레시피의 넛밀크나 두유를 물로 대체하고,
부드러운 맛을 원한다면 물 대신 넛밀크나 두유를 더 늘리면 됩니다.

3 모든 두유, 넛밀크는 대체 가능해요 ──────────

레시피에 사용된 모든 두유, 넛밀크는 자유롭게 대체할 수 있어요.
시판 두유, 귀리밀크, 아몬드밀크 등을 사용해도 되고,
직접 만든 아몬드밀크(92쪽)나 캐슈밀크(94쪽)를 활용해도 좋습니다.

800~1000㎖분
냉장 7일 보관

아몬드밀크

#순도100
#비건밀크
#진한고소함

> 아몬드와 물로만 만드는 100% 순수 아몬드밀크예요. 아몬드는 갈았을 때 펄프와 껍질 때문에 부드러운 질감은 아닌데, 한 번 거르면 부드럽게 마실 수 있어요. 거부감이 없다면 거르지 않고 걸쭉하게 마셔도 됩니다. 거른 아몬드펄프는 베이킹에 활용할 수 있으니 버리지 마세요.

구운 아몬드 2컵(200g)

물 5컵(1ℓ)

소금 1/4작은술

1

아몬드는 찬물에 담가 하룻밤 불린 후
헹궈 물기를 뺀다.
★ 고출력 믹서를 사용하는 경우 이 과정을 생략해도 된다.

2

믹서에 모든 재료를 넣고 곱게 간다.

3

면포나 넛밀크백(19쪽)에 넣고 거른다.
★ 아몬드펄프 활용하기(90쪽)

800~1000㎖분
냉장 7일 보관

캐슈밀크

#초간단
#크림질감
#활용도만점

❝ 캐슈너트는 믹서에 갈면 크림처럼 입자가 곱고 부드러워 거를 필요가 없기 때문에 번거롭지 않고, 펄프까지 다 먹을 수 있어서 경제적이에요. 아몬드밀크가 고소하고 은은하게 달큰한 맛이 느껴진다면, 캐슈밀크는 좀 더 묵직하고 부드러운 맛이 난답니다. **❞**

구운 캐슈너트
2컵(200g)

물 5컵(1ℓ)

소금 1/4작은술

1

캐슈너트는 찬물에 담가 하룻밤 불린 후
헹궈 물기를 뺀다.
★ 고출력 믹서를 사용하는 경우 이 과정을 생략해도 된다.

2

믹서에 모든 재료를 넣고 곱게 간다.

 캐슈밀크 활용하기

완성한 캐슈밀크는 카페라테에 우유 대신
사용하거나 수프를 만들 때 넣으면
고소한 맛과 걸쭉한 농도를 더할 수 있어요.

오이 아보카도스무디

800~1000㎖분

#수분충전
#에너지보충
#단백질부스터

❝ 오이와 아보카도는 연두색이라는 점만 빼면 모든 특징이 반대인 재료예요. 오이는 수분이 많아 가볍고 아삭한 식감의 채소이고, 아보카도는 지방이 많아 부드럽고 묵직한 느낌의 과일이죠. 이렇게 종류, 주요 성분, 맛까지 모두 다른 두 재료를 함께 갈면 신기하게도 아주 잘 어울리는 스무디가 만들어진답니다. ❞

오이 1개(200g)

아보카도 과육
약 1/3개(70g)

귀리밀크 1과 1/4컵
(250㎖, 또는
두유, 아몬드밀크,
캐슈밀크)

물 1과 1/2컵(300㎖)

1
오이는 적당한 크기로 썬다.

2
아보카도는 손질(22쪽)한 후 적당한 크기로 썬다.

3
믹서의 칼날에 가까운 쪽부터
오이 → 아보카도 → 귀리밀크, 물 순으로
넣고 곱게 간다.

97

오이 청포도스무디

#등산할때
#갈증해소
#기력보충

고단백 에너지스무디

> 청량감 가득한 이 스무디는 땀이 많이 나는 여름철 기력 보충용으로 좋아요. 몸의 근본적인 갈증을 해소할 수 있어서 운동 후에도 추천합니다. 가볍게 마시고 싶으면 아몬드밀크 대신 물로 대체해도 되고, 반대로 아몬드밀크만 넣으면 더 든든하게 마실 수 있어요. 등산갈 때 오이 대신 챙겨보세요!

청포도 약 2컵(250g)

오이 1/2개(100g)

아몬드밀크 1과 1/2컵
(300㎖, 또는
두유, 귀리밀크, 캐슈밀크)

물 1컵(200㎖)

1

오이는 적당한 크기로 썬다.

2

믹서의 칼날에 가까운 쪽부터
청포도 → 오이 → 아몬드밀크, 물 순으로
넣고 곱게 간다.

참깨 베리스무디

#참깨단백질
#근육활력
#섬유소

고단백 베리스무디

" 참깨는 고소한 맛은 물론 단백질 함량도 높아서 스무디의 부재료로 종종 사용해요.
참깨 대신 치아시드 등 다른 씨앗류를 넣어도 괜찮아요. 베리류는 아무리 강조해도 지나침이 없는
중요한 과일이지요. 어떤 베리류라도 좋으니 다양하게 활용해 보세요. "

베리류 2컵
(200g, 블루베리, 딸기,
복분자, 체리 등)

쌈케일 3장(30g)

참깨 1큰술
(또는 들깨, 치아시드,
햄프시드, 해바라기씨,
호박씨)

귀리밀크 1과 3/4컵
(350㎖, 또는 두유,
아몬드밀크, 캐슈밀크)

물 1컵~1과 1/4컵
(200~250㎖)

1

베리류, 쌈케일은 적당한 크기로 썬다.

2

믹서의 칼날에 가까운 쪽부터
쌈케일 → 베리류 → 통깨 → 귀리밀크, 물 순으로
넣고 곱게 간다.

병아리콩 두유스무디

#콩국물맛
#식사대용
#운동후단백질

고단백에너지무디

" 병아리콩으로 콩국물을 만들 수 있다는 이야기를 듣고 호기심에 해봤는데, 너무 맛있어서 믿기지 않았던 스무디예요. 미숫가루를 두 스푼 넣은 게 신의 한 수였지요. 그대로 마셔도, 소금이나 꿀을 약간 넣어 마셔도 맛있어요. 식사 대용으로도, 운동 후 단백질 보충용으로도 추천합니다. "

병아리콩 1/2컵
(50g, 불리기 전,
또는 다른 콩)

미숫가루 2큰술
(또는 볶은 콩가루,
귀리가루)

두유 2컵~2와 1/2컵
(400~500㎖, 또는
귀리밀크, 아몬드밀크,
캐슈밀크)

물 1과 1/2컵
(300㎖)

1

병아리콩은 찬물에 담가 하룻밤 불린다.

2

냄비에 물이 끓어오르면 불린 병아리콩을 넣고
중간 불에서 20~25분간 삶는다.

3

믹서의 칼날에 가까운 쪽부터
삶은 병아리콩 → 미숫가루 → 두유, 물 순으로
넣고 곱게 간다.
★ 그대로 마시거나 취향껏 꿀이나 소금을 약간 넣는다.

카카오 비트스무디

#디톡스
#체력보충
#파워스무디

파우더를 사용하면 재료의 농축된 성분을 간편하게 얻을 수 있어요. 콩가루는 단백질과 고소한 풍미를, 카카오파우더는 활력과 에너지를, 비트파우더는 디톡스와 항산화 효과를 준답니다.
믹서 대신 간편하게 셰이커를 사용해도 되는데, 이때는 따뜻한 두유를 사용해야 잘 녹아요.

볶은 콩가루
2와 1/2큰술
(또는 미숫가루)

카카오파우더
1과 1/2큰술

비트파우더
1과 1/2큰술

따뜻한 두유
4컵~4와 1/4컵
(800~850㎖,
또는 귀리밀크,
아몬드밀크, 캐슈밀크)

1

셰이커에 모든 재료를 넣고 잘 섞일 때까지 흔든다.
★ 믹서에 넣고 갈아도 된다.
믹서를 사용할 때는 두유를 데우지 않는다.

 재료 구입하기

카카오파우더는 설탕, 초콜릿, 우유 등을 섞은
초코 음료용 가루가 아닌 100% 카카오 열매 가루를
말합니다. 카카오파우더와 비트파우더는
온라인이나 베이킹 전문점에서 구입할 수 있습니다.

귀리 카카오스무디

800~1000㎖분

#건강간식
#카카오프로틴
#핫초코대용

고단백너지스무디

> 쌉싸래한 카카오의 맛이 매력인 스무디예요. 식사 대용보다는 출출할 때 간식 정도로 먹기 적당합니다.
> 카카오닙스와 귀리는 갈아도 약간의 씹는 맛이 있어서 만족감이 더 높아요. 따뜻하게 데워서 마시면
> 핫초코처럼 즐길 수 있답니다. "

카카오닙스 2큰술

카카오파우더 2큰술

믹서에 모든 재료를 넣고 곱게 간다.

귀리 4큰술

귀리밀크
4컵~4와 1/4컵
(800~850㎖,
또는 두유, 아몬드밀크,
캐슈밀크)

 재료 구입하기

카카오파우더는 설탕, 초콜릿, 우유 등을 섞은
초코 음료용 가루가 아닌
100% 카카오 열매 가루를 말합니다.
카카오닙스는 카카오 열매의 씨앗을 가공한 제품이에요.
모두 온라인이나 베이킹 전문점에서 구입할 수 있습니다.

400㎖분

생강 대추라테

#겨울
#감기기운
#체온상승

대추고 라테에서 영감 받은 메뉴예요. 대추고를 만들 간단한 방법을 생각하다가 만들게 됐어요. 넛밀크는 특유의 고소함과 진한 크림 느낌이 있어서 대추와 잘 어울린답니다. 몸이 차가울 때나 감기 기운이 있을 때, 겨울에 외출하고 돌아왔을 때 따뜻하게 마시면 마음까지 따뜻해져요.

말린 대추 8개

생강 1조각
(2~3g, 또는 생강즙 1~2큰술,
생강가루 1작은술)

메이플시럽 1~2큰술
(또는 꿀)

아몬드밀크 2컵
(400㎖, 또는
두유, 귀리밀크, 캐슈밀크)

대추는 세로로 칼집을 낸 후
펼쳐 씨를 제거한다.

믹서에 모든 재료를 넣고 곱게 간다.

400㎖분

시나몬 강황라테

#항산화
#염증제거
#치매예방

강황이 몸속 염증을 줄여주고 치매를 예방하는 재료로 소개되면서 한때 엄청난 인기를 끌었어요.
많은 사람이 강황가루를 어떻게 먹을지 몰라 곤란해하는 것을 보며 만들게 되었습니다.
강황가루는 많이 넣으면 향이 너무 강해서 먹기 힘들기 때문에 조금씩 자주 먹는 편이 더 좋아요.
여기에 후추를 더하면 염증 제거 효과가 훨씬 커진답니다.

강황가루 1작은술

시나몬가루 1작은술

통후추 간 것 약간
(또는 후춧가루)

따뜻한 아몬드밀크 2컵
(400㎖, 또는 두유,
귀리밀크, 캐슈밀크)

1

셰이커에 통후추를 제외한 모든 재료를 넣고
잘 섞일 때까지 흔든다.
★ 믹서에 넣고 갈아도 된다.
믹서를 사용할 때는 아몬드밀크를 데우지 않는다.

2

마실 때 통후추 간 것을 뿌린다.

 재료 더하기

단맛과 걸쭉한 농도를 원한다면
말린 대추나 대추야자(데이츠) 2개,
견과류 4~5개를 추가로 넣고 믹서에 곱게 갈아요.

인퓨즈드 ——— 굽

 ESSAY—— 물 마시기 어려울 땐, 인퓨즈드 워터

'하루에 물을 2리터씩 마셔야 몸에 좋다고?'
이 이야기를 듣고 매일 2리터를 열심히 마셔본 사람이
저뿐만은 아닐 거예요. 하지만 저처럼 생수를 잘 못 마시는 사람에게는
거의 고문에 가까운 일이지요. 물을 못 마시는 분들은 대부분
맛이 없어서, 비릿한 맛이 느껴져서인 경우가 많아요. 이 두 가지를
한 번에 해결할 수 있는 매력적인 물이 '인퓨즈드 워터'입니다.

이름만 들어선 생소하겠지만 사실 이미 알고 있을 거예요.
카페에 가면 종종 볼 수 있는 레몬 담긴 물, 그게 바로 인퓨즈드 워터거든요.
레몬 외에도 다양한 과일, 채소, 허브, 향신료 등을 넣어 만든답니다.
맛도 맛이지만, 무엇보다 인퓨즈드 워터의 장점은 채소와 과일의 좋은
성분들이 물에 녹아 나온다는 데 있어요. 먹기 힘든 물을 맛있게 마실 수 있고,
채소와 과일의 좋은 성분도 취하고, 안 마실 이유가 없지요.

스무디나 채소수프를 만들고 남은 재료를 활용해도 되고,
반대로 인퓨즈드 워터에 사용했던 채소와 과일을 스무디에 더해도 돼요.
스무디의 물 대신 사용할 수도 있으니 가벼운 마음으로 한번 만들어보세요.

인퓨즈드 워터란?

인퓨즈드 워터(infused water)란 뜻 그대로
채소나 과일 등 재료를 우린 물을 말해요. 물에 수용성 비타민과
미네랄이 용출되어 물만 마셔도 비타민을 섭취할 수 있다는 의미에서
비타민 워터(vitamin water)라고도 부르고, 비타민과 미네랄이
활력을 준다는 의미로 에너지 워터(energy water)라고도
부르지요. 이 모든 것을 종합하면 인퓨즈드 워터란,
과일, 채소, 허브, 그리고 향신료를 물에 담가 우려낸 것으로
비타민과 미네랄, 그리고 수용성 파이토케미컬까지 물과 함께 섭취해
몸에 활력과 에너지를 줄 수 있는 더 건강한 물을 의미합니다.
또한 인퓨즈드 워터는 여러 가지 재료가 가진 고유의 색감이
눈을 즐겁게 해주어 컬러테라피로써, 또 신선한 향을 가지고 있어
향기테라피로써의 의미도 있어요. 인퓨즈드 워터는
'내추럴하고, 건강하고, 맛있는 음료'라고 할 수 있습니다.

★ 인퓨즈드 워터는 취향껏 재료를 우려낸 후 건져내고 물을 마셔요.
가급적 우린 후 3일 이내에 마시는 걸 추천합니다.
★ 레시피의 대체 재료는 27쪽을 참고하세요.

인퓨즈드 워터의 재료들

1 물

인퓨즈드 워터의 가장 기본인 물은 정수, 생수, 끓여서 식힌 물, 탄산수 등
평소 선호하는 깨끗한 물을 사용합니다. 인공향이 첨가된 물은 적합하지 않아요.
아무런 첨가물이 없는 순도 100%의 생수나 탄산수를 이용해요.

2 과일

사과, 딸기, 수박, 자몽, 키위, 파인애플 등 거의 모든 과일이 가능하지만
바나나, 아보카도처럼 식감이 무겁고 무른 과일은 부적합해요. 특히 오렌지, 자몽,
레몬, 라임 등 시트러스류가 적합한데, 깨끗이 씻어 껍질까지 넣으면 더욱 향이
진해집니다. 단, 껍질째 넣고 오래 담가두면 쓴맛이 날 수 있으니 주의해야 해요.
신선한 과일을 넣기가 어렵다면 냉동 과일도 괜찮습니다.

3 채소

인퓨즈드 워터에 넣는 채소는 조직이 연한 잎채소보다는 오이, 셀러리, 당근, 비트 등
딱딱한 재료가 좋습니다. 감자나 고구마 등의 전분이 많은 채소는 적합하지 않아요.

4 허브와 향신료

애플민트, 로즈마리, 타임, 바질 등의 허브가 잘 어울려요. 가급적 말린 허브보다는
신선한 허브를 사용해야 맛과 향이 좋습니다. 또한 생강, 계피, 정향, 카다멈, 월계수잎
등의 향신료를 넣으면 이국적이면서도 풍성한 맛을 낼 수 있어요.

5 기타 부재료

인퓨즈드 워터가 익숙하지 않은 분들은 쓴맛이나 떫은맛을 완화하기 위해
천연 감미료인 꿀 또는 메이플 시럽이나 약간의 소금을 넣을 수 있어요.
너무 많이 넣으면 건강에 좋지 않지만, 조금만 사용한다면 향미가 좋아져
인퓨즈드 워터를 더 맛있게 마실 수 있답니다.

인퓨즈드 워터 만들기 TIP

1 신선한 재료를 사용해요 ——————————————

모든 재료는 되도록 신선한 상태로 준비합니다. 말리거나 얼린 재료는 맛, 색, 향 등이
달라질 수 있기 때문이지요. 하지만 상황에 따라 냉동이나 건조 제품을 사용해도
괜찮습니다. 또한 키위나 파인애플, 수박 등을 제외하고는 되도록 깨끗이 세척해
껍질까지 사용해요. 만약 껍질의 성분이 용출되는 것을 원치 않는다면 제거하고
사용합니다.

2 우려내는 시간은 취향에 따라 조정해요 ——————————

재료마다 물에 우러나는 시간은 제각각이에요. 실온의 물(20~25℃)을 사용할 경우
빠르면 10분에도 우러나지만 1시간을 우려야 맛과 향이 우러나는 재료도 있습니다.
또한 우러나는 정도는 취향의 차이이기 때문에 레시피에 적힌 시간을 기준으로 각자의
취향을 찾아보길 추천해요.

3 이렇게 하면 더 잘 우러나요 ——————————————

재료를 어떻게 사용하느냐에 따라 우러나는 시간에 영향을 미칩니다.
조금 더 빠르게 우려낼 수 있는 몇 가지 방법을 소개해요.

★ 재료를 최대한 작게, 얇게 썰어서 넣으면 물에 용출되는 속도가 빨라져요.

★ 말린 과일이나 채소를 사용하면 생 재료보다 맛이 농축되어 있어 빠르게
   용출됩니다. 단, 종류에 따라 생 재료와 다른 맛을 낼 수 있어요.
   예를 들어 말린 생강의 경우 생강 특유의 매운맛과 아린 맛이 약합니다.
   말린 과일은 생과일의 1/10 정도만 넣으면 돼요.

★ 오렌지, 레몬 등 시트러스류는 즙을 내서 사용할 수 있어요.
   이렇게 하면 빠르게 진한 맛을 낼 수 있지만, 물이 탁해진다는 단점이 있어요.

4 남은 재료는 이렇게 사용해요 ——————————————

물에 우려내고 남은 채소와 과일은 대부분 맛이 다 빠져서 그냥 먹기에는 맛이 없는
경우가 많습니다. 그럴 땐 스무디나 수프에 활용하세요. 버려지는 재료 없이
알뜰하게 사용할 수 있어요. 만약 인퓨즈드 워터가 남았다면 스무디에 물 대신
넣어도 좋습니다.

물, 제대로 마시는 법

물은 아무 맛도 없고 에너지원으로 사용되지도 않지만 매우 중요한 존재이기 때문에
5대 영양소에 물을 더해 6대 영양소로 이야기하기도 합니다. 우리 몸의 70~80%를 차지하는
물은 40~50%는 세포 안에, 나머지는 혈액에 존재해요. 물은 혈액에 섞여 몸 전체를 흐르면서
세포에 쌓인 노폐물과 지방을 모아 몸 밖으로 내보내는 역할을 할 뿐 아니라, 땀이나 숨을 통해
노폐물을 조금씩 배출하기도 합니다. 깨끗한 물을 마시면 현재 질병의 80%가 낫는다고
할 정도로 물은 치료의 핵심이자 우리 몸의 중요한 요소랍니다.

어떤 물을 마실까?
많은 사람이 오해하는 부분 중 하나가 액체면 모두 수분 공급이 된다고 생각하는 거예요.
커피, 녹차, 홍차에는 카페인이 많이 들어 있어 이뇨작용을 촉진하기 때문에 수분 부족을
유발할 수 있어요. 탄산음료나 가공 주스도 소화 흡수될 때 몸속 수분을 많이 사용하기 때문에
마시고 나면 더 갈증이 납니다. 수분을 보충하려면 진짜 물을 마셔야 해요.

얼마나 마실까?
하루 동안 섭취해야 하는 물의 양은 우리 몸에서 공기 중으로 증발하는 수분의 양에
비례한다고 해요. 키와 몸무게에 따라 증발하는 양이 달라지기 때문에 사람마다
필요량이 다르고, 무조건 많이 마신다고 좋은 것은 아닙니다. 개인의 키와 몸무게로 환산한
하루 필요 수분량은 다음과 같습니다.

$$\text{하루 필요 수분량}(\ell) = (\text{키cm} + \text{몸무게kg}) \div 100$$

 경우에 따라 다르게 마셔요!

아침 공복에 마시는 물은 밤사이 쉬고 있던 위와 장의 움직임을 활발하게 해 배변 활동을 도와요.
하지만 너무 차가운 물은 손발이 차거나 소화 기관 또는 폐가 약한 사람에게는 혈액 순환에 방해가 되기도 합니다.
때문에 실온 혹은 약간 시원한 정도의 물을 마시는 것이 좋습니다.
잠자기 30분 전, 반 잔 정도의 물을 마시면 수면 동안 각 장기나 피부가 필요로 하는 수분을
공급하기 때문에 숙면에 도움이 된다고 해요. 단, 너무 많이 마시면 방광을 자극해 수면에 방해가 되고,
다음 날 부종이 생기기 때문에 많이 마시지는 말아야 합니다.
물을 많이 마시지 말아야 하는 사람도 있어요.
간 질환이나 신장병이 있는 경우는 수분 섭취에 유의해야 하기 때문에
무조건 많이 마시는 건 좋지 않고, 의사와 충분히 상담한 후 수분량을 정하는 것이 좋습니다.

오렌지 레몬워터

#비타민C
#다이어트
#피로회복

> 카페에서 레몬이 들어있는 물을 많이 보셨을 거예요. 물을 마시기 힘들다면 가장 익숙하게 마실 수 있는 인퓨즈드 워터입니다. 레몬만 넣어도 좋지만 오렌지와 허브를 넣으면 비주얼도, 맛도 훨씬 풍성해져요. "

오렌지 1개(200g)

레몬 1/2개(50g)

오렌지, 레몬은 껍질째 0.5cm 두께로 썬다.
★ 껍질의 쓴맛이 싫은 경우
손질(23쪽)한 후 과육만 사용한다.

타임 1줄기
(또는 로즈마리, 생강)

물 5컵
(1ℓ, 또는 탄산수)

병에 모든 재료를 넣고 10분 이상 우린다.
★ 1시간 이상 우리면 신맛이 강해지므로
물을 더 넣거나 레몬을 제거한다.

키위 레몬워터

#장건강
#피부노화예방
#피로회복

> 골드키위를 사용하면 더 달콤한 물을, 그린키위를 사용하면 새콤한 물을 만들 수 있으니
> 키위는 취향에 따라 선택하세요. 골드키위에는 라임을, 그린키위에는 레몬을 넣으면 색이 더 예쁘답니다. "

키위 2개(160g)

레몬 1/2개(50g)

애플민트 2~3줄기
(또는 로즈마리)

물 5컵
(1ℓ, 또는 탄산수)

1

키위는 껍질을 벗기고 0.5cm 두께로 썬다.

2

레몬은 껍질째 0.5cm 두께로 썰거나
스퀴저에 즙만 짜서 준비한다.
★ 껍질의 쓴맛이 싫은 경우
손질(23쪽)한 후 과육만 사용한다.

3

애플민트는 살짝 으깨거나 굵게 다진다.

4

병에 모든 재료를 넣고 20분 이상 우린다.
★ 진하게 마시고 싶다면
1시간 이상 우린다.

딸기 라임워터

#컬러테라피
#항산화
#혈관청소

달콤한 딸기와 새콤한 라임, 강렬한 색감의 히비스커스 티가 만나 맛도 좋고 색도 예쁜 물이 완성됐어요. 라임을 껍질째 사용하면 더 예쁘지만, 껍질에서 나는 쓴맛이 거슬린다면 과육만 사용하세요.

딸기 6~8개
(120~160g)

라임 1/2개(50g)

히비스커스 티백 1개
(또는 비트 약간,
생략 가능)

물 5컵
(1ℓ, 또는 탄산수)

1

딸기는 2~4등분한다.

2

라임은 껍질째 0.5cm 두께로 썰거나
스퀴저에 즙만 짜서 준비한다.
★ 껍질의 쓴맛이 싫은 경우
손질(23쪽)한 후 과육만 사용한다.

3

병에 모든 재료를 넣고 20분 이상 우린다.
★ 1시간 이상 우리면 신맛이 강해지므로
물을 더 넣거나 라임을 제거한다.

멜론 키위워터

#운동한후
#이온음료
#소화촉진

전해질과 비타민 A, 비타민 C 등이 풍부해 운동이나 등산 후 이온 음료 대신 마시기 좋아요.
멜론은 부드러운 과육을 사용하면 물이 탁해지기 때문에 딱딱한 과육을 넣는 게 좋답니다. "

멜론 약 1/10통(250g)

키위 1개(80g)

로즈마리 1줄기
(또는 바질)

물 5컵
(1ℓ, 또는 탄산수)

1

멜론은 손질(22쪽)한 후 작게 썬다.

2

키위는 껍질을 벗기고 작게 썬다.

3

병에 모든 재료를 넣고
40분 이상 우린다.

125

비트 수박워터

#이뇨작용
#부기완화
#항염증

> 달콤한 수박과 비트 특유의 향이 의외로 잘 어울리고, 색도 와인처럼 진하게 우러나와서 기분 좋게 마실 수 있어요. 레몬 껍질과 애플민트를 넣으면 맛도, 색도 포인트가 된답니다.

수박 과육 1컵(200g)

비트 1/8개(50g)

레몬 껍질 약간
(생략 가능)

애플민트 2~3줄기
(또는 바질, 로즈마리)

물 5컵
(1ℓ, 또는 탄산수)

1

수박은 과육만 발라낸 후 씨를 제거하고
사방 1cm 크기로 썬다.

2

비트는 필러로 껍질을 벗긴 후
사방 1cm 크기로 썬다.

3

레몬 껍질은 필러로 얇게 벗겨 준비한다.

4

병에 모든 재료를 넣고
1시간 이상 우린다.

1ℓ분

당근 사과워터

#에너지생성
#대사활성화
#항염작용

" 당근과 사과는 익숙한 조합으로 누구나 거부감 없이 즐길 수 있는 맛이에요.
더 예쁜 비주얼을 원한다면 라즈베리 4~5알이나 비트를 약간 넣어보세요. "

당근 1/3개(약 70g)

사과 1/4개(50g)

로즈마리 1줄기
(또는 월계수잎, 생강)

물 5컵
(1ℓ, 또는 탄산수)

1

당근은 필러로 껍질을 벗긴 후
0.5cm 두께로 썬다.
★ 필러로 길게 슬라이스하면 모양이 예쁘다.

2

사과는 손질(23쪽)한 후
0.5cm 두께로 썬다.

3

병에 모든 재료를 넣고 40분 이상 우린다.
★ 진하게 마시고 싶다면
1시간 이상 우린다.

오이 허브워터

#청량함가득
#노폐물배출
#소화촉진

“ 오이와 레몬, 애플민트까지 사용해 청량감이 한껏 느껴지는 물이에요.
허브는 손으로 살짝 으깨거나 굵게 다져서 넣으면 향이 훨씬 진하답니다. ”

오이 1/2개(100g)

레몬 슬라이스 2조각

애플민트 2~3줄기

바질 2~3줄기

물 5컵
(1ℓ, 또는 탄산수)

1
오이는 0.5cm 두께로 썬다.

2
애플민트와 바질은 살짝 으깨거나 굵게 다진다.

3
병에 모든 재료를 넣고 20분 이상 우린다.
★ 진하게 마시고 싶다면
1시간 이상 우린다.

오이 참외워터

#여름대표
#전해질보충
#심신안정

여름을 대표하는 재료인 오이와 참외를 넣은 물이에요. 달콤하고 시원한 맛의 참외는
수분, 전해질이 풍부해서 여름철 땀을 많이 흘렸거나 몸이 지쳤을 때 먹으면 좋답니다.
새로운 향을 원한다면 바질도 꼭 잊지 마세요.

오이 1/2개(100g)

참외 1/2개
(씨 제거 후 130g)

바질 3~4줄기
(또는 타임, 로즈마리)

물 5컵
(1ℓ, 또는 탄산수)

1

오이는 0.5cm 두께로 썬다.

2

참외는 씨를 제거하고 껍질째 얇게 썬다.
★ 껍질을 제거해도 된다.

3

바질은 살짝 으깨거나 굵게 다진다.

4

병에 모든 재료를 넣고
30분 이상 우린다.
★ 진하게 마시고 싶다면
1시간 이상 우린다.

셀러리 오이워터

#디톡스
#전해질보충
#수분충전

" 셀러리와 오이는 수분, 전해질 보충과 디톡스에 좋은 재료예요.
몸에 좋은 성분이 대부분 수용성이기 때문에 물에 우려내서 마실 수 있지요.
셀러리와 오이 둘 다 호불호가 있는 재료여서 사과를 더했어요. "

셀러리 30cm(50g)

오이 1/4개(50g)

사과 1/4개(50g)

물 5컵
(1ℓ, 또는 탄산수)

1

셀러리는 0.5cm 두께로 썬다.
★ 셀러리 줄기는 은은한 향을, 잎은 강한 향을 내므로
취향껏 넣는다.

2

오이는 0.5cm 두께로 썬다.

3

사과는 손질(23쪽)한 후
0.5cm 두께로 썬다.

4

병에 모든 재료를 넣고
1시간 이상 우린다.

셀러리 파인워터

#피로회복
#변비탈출
#디톡스

> 셀러리는 여러 재료와 잘 어울리는데, 그중 하나가 파인애플이에요.
> 두 재료의 맛과 향이 아주 잘 어울리면서도 셀러리가 파인애플의 강한 단맛을 중화시켜 주지요.

셀러리 30cm 2대
(100g)

파인애플 링 2개(200g)

애플민트 2줄기

물 5컵
(1ℓ, 또는 탄산수)

1

셀러리는 0.5cm 두께로 썬다.
★ 셀러리 줄기는 은은한 향을, 잎은 강한 향을 내므로
취향껏 넣는다.

2

파인애플 링은 적당한 크기로 썬다.

3

애플민트는 살짝 으깨거나 굵게 다진다.

4

병에 모든 재료를 넣고
30분 이상 우린다.
★ 진하게 마시고 싶다면
1시간 이상 우린다.

1ℓ분

사과 시나몬워터

#수용성섬유소
#당뇨예방
#체중감량

" 사과와 시나몬의 조합은 말할 것도 없지요. 시나몬을 더하면 사과와 향이 잘 어울리는 것은 물론 시나몬이 살균 작용을 하기 때문에 꼭 넣는 것을 추천해요. "

사과 1/2개(100g)

시나몬스틱 1개
(또는 시나몬가루 약간)

사과는 손질(23쪽)한 후
0.5cm 두께로 썬다.

물 5컵
(1ℓ, 또는 탄산수)

병에 모든 재료를 넣고 30분 이상 우린다.
★ 진하게 마시고 싶다면
1시간 이상 우린다.

1ℓ분

배 생강워터

#감기예방
#면역력증진
#따뜻하게

> 배와 생강은 우리 전통차뿐만 아니라 서양에서도 많이 이용하는 궁합 좋은 재료예요.
> 평소 인퓨즈드 워터로 마시면 감기 예방 효과가 있답니다. 따뜻하게 데워서 마셔도 좋아요.

배 1/2개(250g)

생강 2~3조각
(또는 말린 생강,
생강가루 약간)

시나몬스틱 1개
(또는 시나몬가루 약간,
생략 가능)

물 5컵
(1ℓ, 또는 탄산수)

1

배는 손질(23쪽)한 후 0.5cm 두께로 썬다.

2

생강은 물에 헹궈 전분을 제거한다.

3

병에 모든 재료를 넣고
30분 이상 우린다.

해독 ── 채소수프

ESSAY ── 채소수프로 체온 1도 올리기

한창 스무디의 매력에 빠져 있던 해였어요. 찬바람이 불기 시작하자
선뜻 스무디에 손이 가진 않았지만, 그럼에도 몸을 위해 챙겨 마셨죠.
그런데 그게 무리가 되었나 봐요. 어느 날은 몸이 으슬으슬하고
감기 기운이 도는 듯 컨디션이 좋지 않더라고요. 그 후로 어떻게 하면
겨울에 스무디를 마실 수 있을까 고민하다가 채소수프를 떠올리게 되었어요.

오래전부터 '해독수프'라는 이름으로 따뜻한 채소수프를 만들어 먹곤 했는데,
익히는 과정이 번거롭게 느껴져 한동안 잊고 있었거든요.
다시 열심히 마셔보자는 의지를 가지고 채소수프를 먹기 시작한 지 3개월,
주변에서 변화를 알아채고 먼저 물어보는 일이 꽤 많아지게 되었습니다.

이제는 스무디만큼이나 다양한 레시피로 수프를 만들어 먹고 있어요.
'수프'라고 표현했지만 재료를 익혀서 먹는 '웜 스무디'로 생각해도 좋을 것 같습니다.
여름엔 스무디로, 겨울엔 수프로, 일 년 내내 마음껏 채소를 즐기세요.

해독 채소수프란?

채소수프는 다양한 채소를 물과 함께 익혀서 먹는 음식으로
생채소가 먹기 어렵거나 따뜻하게 먹고 싶을 때
아주 좋은 채소 섭취 방법이에요. 특히 생채소를 먹으면
소화가 되지 않거나 배가 차가워 탈이 나는 분들에게
추천합니다. 생채소나 스무디가 잘 맞더라도
겨울철에는 체온을 낮출 수 있기 때문에
채소수프로 몸을 따뜻하게 데우는 게 좋습니다.
또한 일반적인 수프와 달리 채소 2~5가지를 물과 함께
짧은 시간 익힌 후 믹서에 갈아 간단하게 만들 수 있습니다.
스무디처럼 즉각적으로 효과가 나타나기보다는
천천히 우리 몸의 자생력과 면역력을 길러주기 때문에
장기적으로 보험을 들듯이 꾸준히 먹는 것이 좋습니다.

★ 채소수프를 식사 대신 마실 경우는 400~500㎖,
식사 전에 마실 경우는 200~300㎖ 마시는 걸 추천해요.
★ 레시피의 대체 재료는 27쪽을 참고하세요.

채소수프의 재료들

1 채소류

채소수프에 가장 많이 사용하는 재료는 양배추와 토마토예요.
양배추를 익히면 매운맛이 줄고, 한 번에 많은 양을 섭취할 수 있다는 장점이 있습니다.
토마토는 모든 종류의 토마토를 사용해도 되지만 스테비아 토마토처럼 단맛이 강화된
토마토보다는 일반 토마토를 추천합니다. 또한 호박, 콜리플라워, 감자, 고구마,
연근 등도 수프에 잘 어울리는 재료예요. 호박은 스무디에서는 사용하기 어렵지만
수프에는 단호박부터 땅콩호박, 애호박까지 두루 사용할 수 있답니다.
콜리플라워는 익히면 가운데 심지 부분까지도 부드럽게 갈리기 때문에
버리는 것 없이 사용할 수 있어요. 감자, 고구마, 연근 등 뿌리 채소는 섬유소가 많고
포만감도 커서 좋은 재료지만 탄수화물의 함량이 높아 사용량에 주의가 필요해요.

2 과일류

열을 가하는 채소수프에는 과일을 많이 사용하지 않아요. 간혹 상큼하고 가벼운 맛을 위해
사과를 소량 사용하거나 크리미하고 부드러운 식감을 위해 아보카도를 사용합니다.

3 양념류

채소수프가 스무디와 가장 다른 점이 양념이나 향신채의 사용이에요.
채소수프에는 마늘이나 대파로 제법 요리스러운 풍미를 낼 수 있고,
소금, 후추, 식초, 올리브오일, 간장까지 다양한 양념을 더할 수 있어요.
대부분의 수프는 먹기 전에 올리브오일과 통후추를 넣으면 풍미가 확 올라간답니다.

	채소수프	스무디
재료	채소를 주로 사용하고 과일은 드물게 사용	채소와 과일을 자유롭게 사용
양념	요리에서처럼 다양한 양념류 사용	마무리 단계에서 제한적, 선택적으로 사용
액체류	주로 물을 사용하고 두유, 넛밀크도 사용	물, 코코넛워터, 인퓨즈드 워터, 넛밀크 등 다양하게 사용
가열 여부	짧은 시간 가열	가열하지 않음
믹서 사용 여부	믹서로 갈거나 재료를 작게 썰어 섭취	믹서로 갈아 섭취

채소수프 만들기 TIP

1 오래 가열하지 않아요 ─────────────

채소를 가열하는 목적은 섬유소를 부드럽게 하고 소화를 돕기 위함이므로,
특별한 경우를 제외하고는 5분 이상 가열하지 않아요.
살짝만 익혀도 채소의 부피가 줄어 많은 양을 먹을 수 있고 소화가 쉬워집니다.
열로 인해 약간의 영양 손실이 있을 수는 있지만, 흡수되는 영양소의 양이
더 많기 때문에 잃는 것보다 얻는 것이 크답니다.

2 물을 나눠 넣어요 ─────────────

채소수프를 끓일 때 만약 물 500㎖를 넣는 레시피라면, 우선 냄비에 채소와
물 100㎖만 넣고 짧은 시간 채소를 찌듯이 익혀요. 그 후 믹서에 옮겨
나머지 물 400㎖를 넣고 갈아줍니다. 이렇게 소량의 물로 채소를 익히고
물을 추가해 온도를 낮춤으로써 남은 열에 의해 효소와 영양소가 파괴되는 것을
막을 수 있고, 한김 식기까지 기다릴 필요 없이 바로 믹서에 갈 수 있답니다.

3 버리지 말고 모두 활용해요 ─────────────

채소수프는 재료를 익혀서 갈기 때문에 자투리 채소나 평소 버려지는 부분도
모두 사용할 수 있다는 장점이 있어요. 예를 들어 생으로는 잘 먹지 않는
브로콜리나 콜리플라워의 밑동을 작게 썰어서 넣는다거나, 손질할 때 떼어버리는
콜리플라워나 당근의 잎도 재료로 활용할 수 있습니다.
허브 중에서도 딜이나 파슬리는 잎만 쓰고 줄기는 안 쓰는 경우가 있는데,
모아두었다가 수프에 넣으면 향도 좋고 건강도 챙길 수 있지요.

채소수프를 효과적으로 먹는 방법

1 양념을 적극 활용해요 ─────────

질병으로 인해 무염식을 하는 경우가 아니라면 굳이 무염으로 먹을 필요는 없어요.
소금 또한 우리 몸에 꼭 필요한 미네랄이기 때문에 무리해서 제한하기보다
소금, 간장, 된장 등을 활용해 적당량 섭취하는 것이 좋습니다. 마지막에 올리브오일을
뿌리거나 조리할 때 참기름, 들기름, 고추기름 등을 사용하면 베타카로틴,
비타민 E와 같은 지용성 성분의 흡수를 높일 수 있고, 식초를 한 스푼 넣으면
혈관을 깨끗하게 해 디톡스에 도움이 됩니다. 또한 후추의 피페린(piperine)이라는
성분은 베타카로틴, 셀레늄, 비타민 B 등의 흡수를 더 효과적으로 합니다.

2 채소수프를 식사 전에 먹어요 ─────────

다이어트는 물론이고 건강 식사법에서 먹는 순서는 매우 중요합니다.
채소수프를 식사 대용으로 먹어도 되지만, 양이 부족하게 느껴진다면 일단 채소수프를
먼저 마신 후 건강식 위주로 식사하는 것을 추천해요. 빈속에 수프를 먼저 먹으면
위를 편안하게 하고 어느 정도 속을 채워주기 때문에 식사량을 줄일 수 있습니다.

3 단백질 재료를 함께 먹어요 ─────────

뿌리채소와 잎채소를 다양하게 먹는다면 어느 정도 단백질 섭취가 가능하지만,
단백질 필요량을 다 채우기는 어려울 수 있어요. 더구나 채소수프를 식사 대용으로
먹는다면 단백질 재료를 더하는 것도 좋은 방법입니다.

★ **식물성 단백질 : 콩류, 두부, 템페, 해조류**

병아리콩, 완두콩 등의 콩류는 미리 삶아서 준비해둬야 다른 채소와 익는 시간을
맞출 수 있어요. 혹은 시판 통조림이나 병조림 제품을 활용해도 됩니다.
두부나 템페는 채소를 끓일 때 같이 넣어서 익혀요. 템페는 익힌 콩을 납작하게 눌러
발효시킨 것으로, 두부보다 단단하고 물기가 없으며 발효취가 있는 게 특징이에요.
미역, 톳 등의 해조류는 미리 삶아두었다가 채소와 함께 익힙니다.

★ **동물성 단백질 : 달걀, 닭가슴살, 해산물**

달걀과 닭가슴살은 단백질 함량이 높을 뿐 아니라 기름기가 적고 채소의 맛을
해치지 않아 채소수프에 넣는 동물성 단백질로 가장 추천합니다. 새우, 오징어,
흰살 생선, 연어 등의 해산물도 채소수프에 넣으면 잘 어울리는 재료입니다.
연어는 지방 함량이 높기 때문에 오래 끓이기보다는 가볍게 익혀서 먹는 게 좋아요.

데일리 해독수프

" 스무디만 마시다가 진지하게 관리의 필요성을 느끼고
가장 먼저 만들었던 것이 바로 이 해독수프예요.
1년 넘게 꾸준히 아침저녁으로 식전에 200㎖씩 마시고 있답니다.
이 수프를 마신 후로 배변 활동이 원활해지면서
체중도 많이 줄고, 피부도 눈에 띄게 좋아졌어요. "

#장건강
#피붓결개선
#체중감소

- 양배추 약 3장(100g)
- 단호박 1/8개(100g)
- 콜리플라워 1/4개(100g)
- 방울토마토 6~7개(100g)
- 물 1/2컵(100mℓ) + 2컵(400mℓ)
- 소금 약간
- 통후추 간 것 약간

1

양배추, 단호박, 콜리플라워는 적당한 크기로 썬다.
★ 단호박, 콜리플라워 손질하기 23쪽

2

냄비에 모든 채소와 물 1/2컵을 넣고
뚜껑을 덮은 후 센 불에서 4~5분간 찌듯이 익힌다.

3

믹서에 ②와 나머지 물 2컵, 소금을 넣고 곱게 간다.
먹기 전에 통후추 간 것을 넣는다.

800~1000㎖분

베이직 토마토수프

#노폐물배출
#혈관청소
#동안수프

❝ 토마토와 마늘, 올리브오일을 사용해
누구나 익숙하게 마실 수 있어요.
토마토의 구연산과 식초의 신맛이 혈관을 청소하고 노폐물을 없애
안색을 맑게 하는 데 도움을 준답니다.
수강생들에게 항상 반응이 좋은 수프예요. ❞

해독채소수프

- 완숙 토마토 3개(600g)
- 마늘 1~2쪽(5~10g)
- 물 3컵(600㎖)
- 바질잎 2~3장
- 식초 1큰술(생략 가능)
- 소금 약간

1

토마토는 적당한 크기로 썬다.

2

냄비에 토마토, 마늘, 물을 넣고
뚜껑을 덮어 센 불에서 20~30분간 끓인 후 한김 식힌다.

3

믹서에 ②, 바질, 식초, 소금을 넣고 곱게 간다.

토마토 양배추수프

800~1000㎖분

> 평소 토마토와 양배추에 대한 무한 신뢰가 있어서
> 요리는 물론 스무디와 수프에도 많이 사용하는 편이에요.
> 양배추보다 토마토를 더 듬뿍 넣어 토마토주스처럼 부담 없고
> 가볍게 마실 수 있는 수프랍니다.

#간단재료
#가볍게
#해독배출

해독 채소수프

- 완숙 토마토 1과 3/4개(350g)
- 양배추 약 3장(100g)
- 물 1/2컵(100㎖) + 1과 1/2컵(300㎖)
- 식초 1큰술(생략 가능)

양배추는 적당한 크기로 썬다.

2

토마토는 적당한 크기로 썬다.

3

냄비에 토마토, 양배추, 물 1/2컵을 넣고
뚜껑을 덮은 후 센 불에서 4분간 찌듯이 익힌다.

4

믹서에 ③과 나머지 물 1과 1/2컵, 식초를 넣고
곱게 간다.

토마토 보양수프

800~1000㎖분

❝ 소개하는 수프 중 유일하게 갈지 않고
건더기를 떠먹는 수프예요. 이탈리아 요리를 배울 때
알게 된 미네스트로네라는 수프를 응용해
더 가볍고 건강하게 만들었습니다. 따뜻하게 데워 한 그릇 먹으면
온몸에 난로를 켠 듯 후끈해지는 느낌이에요. ❞

#떠먹는수프
#포만감
#식사대용

- 완숙 토마토 1과 1/2개(300g)
- 양배추 약 3장(100g)
- 당근 1/2개(100g)
- 감자 1/2개(100g)
- 셀러리 약 30cm(50g)
- 양파 1/4개(50g)
- 대파 흰 부분 15cm 2대(60g)
- 마늘 3~4쪽(15~20g)
- 토마토 스파게티 소스 3/4컵(150㎖, 또는 홀토마토)
- 물 4~5컵(800㎖~1ℓ)
- 국간장 2큰술
- 소금 1작은술
- 통후추 간 것 약간

1

토마토, 양배추는 한입 크기로 썬다.

2

당근, 감자는 필러로 껍질을 벗긴다.
양파, 당근, 감자, 셀러리를 한입 크기로 썬다.

3

대파 흰 부분은 촘촘하게 칼집을 내고, 마늘은 얇게 썬다.
★ 대파에 칼집을 내면 맛이 더 잘 우러난다.

4

냄비에 모든 재료를 넣고 센 불에서 끓어오르면
뚜껑을 덮은 후 약불로 줄여 10분간 끓인다.
먹기 전에 통후추 간 것을 뿌린다.
★ 뭉근하게 오래 끓이면 더 깊은 맛이 난다.

 재료 더하기

병아리콩, 렌틸, 두부, 템페, 치즈, 새우, 조갯살,
닭고기, 소고기 등 원하는 단백질 재료를 더해도 좋아요.

양배추 사과수프

66 양배추와 사과는 일 년 내내 구하기 쉬워 만만하게
사용하기 좋은 재료예요. 사과를 익혀서 먹는 게 익숙하지 않을 수 있지만,
살짝 익혀서 갈면 더 부드럽고 달콤하답니다. 또한 익힌 양배추 특유의 향을
사과가 가려줘 한결 편하게 먹을 수 있어요. 99

#위건강
#암예방
#달콤한맛

- 양배추 약 7장(200g)
- 사과 1개(200g)
- 물 1/2컵(100㎖) + 2컵(400㎖)
- 사과식초 1큰술(또는 다른 식초, 생략 가능)

양배추는 적당한 크기로 썬다.

사과는 손질(23쪽)한 후 적당한 크기로 썬다.

냄비에 양배추, 사과, 물 1/2컵을 넣고
뚜껑을 덮은 후 센 불에서 5분간 찌듯이 익힌다.

4
믹서에 ③과 나머지 물 2컵, 사과식초를 넣고 곱게 간다.

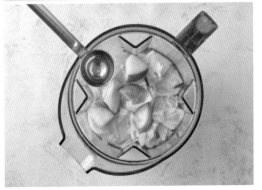

800~1000ml분

무 양배추수프

❝ 무와 양배추는 대표적인 십자화과 채소로
항산화 물질이 많은 재료예요. 또한 셀러리는 대표적인 디톡스 채소이지요.
이 세 가지 채소를 이용해 '강한 디톡스와 영양 공급'이라는
목적으로 수프를 만들었는데, 예상보다 순하고 개운한 맛이어서 놀랐던 기억이 나요.
강한 디톡스 수프인 만큼 단기 관리가 필요할 때 추천해요. ❞

#십자화과채소
#강력디톡스
#단기관리

해독 채소수프

158

- 양배추 약 3장(100g)
- 무 지름 10cm, 두께 1cm(100g)
- 셀러리 약 30cm 2대(100g)
- 물 2와 1/2컵(500㎖)
- 소금 약간
- 통후추 간 것 약간
- 올리브오일 약간

1

양배추는 한입 크기로 썬다.
무는 필러로 껍질을 벗긴 후 한입 크기로 썬다.

2

셀러리는 잎과 줄기 모두 한입 크기로 썬다.

3

냄비에 양배추, 무, 셀러리, 물을 넣고
센 불에서 끓어오르면 뚜껑을 덮은 후
약불로 줄여 10분간 끓인다.
★ 여기까지 진행한 후 떠먹어도 된다.

4

한김 식힌 후 믹서에 ③, 소금을 넣고 곱게 간다.
먹기 전에 통후추 간 것, 올리브오일을 뿌린다.

무 감자수프

800~1000㎖분

" 남녀노소 좋아하는 감자수프, 하지만 탄수화물 비율이 높아
마음껏 먹기 부담스럽지요. 소화도 잘 되고 가볍게 먹을 수 있는
방법이 없을까 고민하다가 무를 넣어 만들었습니다.
감자 맛은 그대로 나면서 천연 소화제인 무가 속을 편하게 해준답니다. **"**

#속쓰림완화
#저탄수감자수프
#따뜻하게

- 무 지름 10cm, 두께 2.5cm(250g)
- 감자 1/2개(100g)
- 물 1/2컵(100㎖) + 2컵(400㎖)
- 바질잎 2~3장(또는 바질페스토 1작은술)
- 소금 약간
- 통후추 간 것 약간

1

무와 감자는 필러로 껍질을 벗기고
적당한 크기로 썬다.

2

냄비에 무, 감자, 물 1/2컵을 넣고 뚜껑을 덮는다.
센 불에서 감자가 익을 때까지 5분간 찌듯이 익힌다.

3

믹서에 ②와 나머지 물 2컵, 바질잎, 소금을 넣고
곱게 간다. 먹기 전에 통후추 간 것을 넣는다.

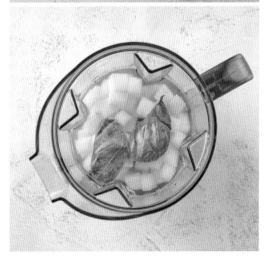

두부 콜리플라워수프

800~1000mℓ분

❝ 예쁜 핑크색이 매력적인 이 수프는 두유처럼 목 넘김이 좋아서
편하게 먹을 수 있어요. 두부를 더해 단백질 보충도 되고, 포만감도 아주 좋지요.
두부의 콩 향이 부담스러운 분은 소금을 꼭 넣어서 드세요. ❞

#단백질가득
#든든
#디톡스

- 두부 1/3모(100g)
- 비트 1/8개(50g)
- 콜리플라워 1/4개(100g)
- 물 1/2컵(100㎖) + 2컵(400㎖)
- 소금 1작은술

1

두부, 콜리플라워는 적당한 크기로 썬다.
비트는 필러로 껍질을 벗기고 적당한 크기로 썬다.
★ 콜리플라워 손질하기 23쪽

2

냄비에 두부, 비트, 콜리플라워, 물 1/2컵을 넣고
뚜껑을 덮은 후 센 불에서 4~5분간 찌듯이 익힌다.

3

믹서에 ②와 나머지 물 2컵, 소금을 넣고 곱게 간다.

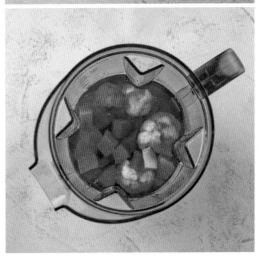

비트 토마토수프와 두부 크루통

800~1000㎖분

" 비트를 토마토와 함께 먹으면 토마토의 산미가
비트의 흙냄새를 잡아줘 한결 먹기 편해요.
여기에 당근과 감자, 두부 크루통을 더해
탄수화물과 단백질까지 꽉 채웠습니다. 두부는 노릇하게 구워
수프에 넣어도 되고, 따로 곁들여도 좋아요. "

#보혈작용
#기력보충
#단백질보충

- 두부 1/10모(30g)
- 방울토마토 10개(150g)
- 감자 1/4개(50g)
- 당근 1/4개(50g)
- 비트 1/10개(40g)
- 물 3컵(600㎖)
- 식초 1큰술(생략 가능)
- 소금 1작은술
- 올리브오일 약간

1

두부는 물기를 빼고 사방 1cm 크기로 썬다.
감자, 당근, 비트는 필러로 껍질을 벗긴 후
적당한 크기로 썬다.

2

냄비에 방울토마토, 감자, 당근, 비트, 물을 넣는다.
뚜껑을 덮고 센 불에서 5분간 끓인 후 한김 식힌다.

3

달군 팬에 올리브오일을 두르고 두부를 넣어
중간 불에서 사방이 노릇하게 굽는다.

4

믹서에 ②, 식초, 소금을 넣고 곱게 간다.
③의 두부 크루통을 곁들여 먹는다.
★ 먹기 전에 올리브오일을 뿌리면
잘 어울린다.

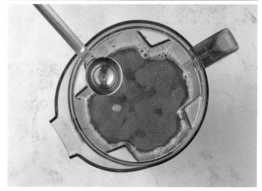

당근 토마토수프

" 당근과 토마토에 많은 카로티노이드는
피부에 좋은 성분으로 아주 유명해요.
화장품 중 레티놀 성분도 카로티노이드의 일종이랍니다.
이 수프는 특히 포만감이 좋아서
아침에 먹으면 점심까지도 든든해요. "

#카로티노이드
#맑은피부
#모발재생

해독 채소수프

- 당근 1개(200g)
- 방울토마토 10~13개(150~200g)
- 물 1컵(200㎖)
- 귀리밀크 1과 1/2컵
  (300㎖, 또는 두유, 아몬드밀크, 캐슈밀크)
- 소금 1/2작은술
- 올리브오일 1큰술

1

당근은 필러로 껍질을 벗기고 적당한 크기로 썬다.

2

냄비에 당근, 방울토마토, 물을 넣고
뚜껑을 덮은 후 센 불에서 5분간 찌듯이 익힌다.

3

믹서에 ②, 귀리밀크, 소금, 올리브오일을 넣고 곱게 간다.

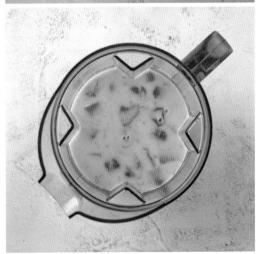

800~1000㎖분

셀러리 두유수프

" 여러모로 장점이 많은 셀러리에 한 가지 단점이 있다면
성질이 차갑다는 거예요. 그래서 따뜻한 수프로 만들었습니다.
함께 사용한 대파 역시 셀러리의 찬 성질을 보완하는 역할을 해요.
또한 두유를 더해 셀러리 향을 부드럽게 했답니다.
여러 이유로 그간 셀러리를 못 먹었던 분들께 추천해요. "

#셀러리초보
#따뜻하게
#부드러운맛

- 셀러리 약 30cm 3대(150g)
- 대파 25cm(50g)
- 물 2와 1/4컵(450㎖)
- 두유 3/4컵
  (150㎖, 또는 귀리밀크, 아몬드밀크, 캐슈밀크)
- 소금 1/2작은술
- 올리브오일 1큰술

1

셀러리 잎과 줄기, 대파는 적당한 크기로 썬다.

2

냄비에 셀러리, 대파, 물을 넣고
뚜껑을 덮은 후 센 불에서 5분간 끓인다.

3

믹서에 ②, 두유, 소금, 올리브오일을 넣고 곱게 간다.

아스파라거스 두유수프

800~1000㎖분

" 아스파라거스의 대표 성분인 아스파라긴산은
숙취 해소, 해독, 피로 회복에 좋고,
스트레스로부터 몸을 보호하기도 해요. 아스파라거스와 두부, 귀리밀크의 조합은
상상 이상으로 맛이 좋답니다. 따뜻하게 먹는 게 더 맛있어요. "

#숙취해소
#피로회복
#스트레스완화

- 두부 1/3모(100g)
- 아스파라거스 15개(300g)
- 대파 10cm(20g)
- 물 3/4컵(150㎖)
- 귀리밀크 1과 1/4컵
  (250㎖, 또는 두유, 아몬드밀크, 캐슈밀크)
- 소금 1/2작은술
- 통후추 간 것 약간

1

두부는 적당한 크기로 썬다.

2

아스파라거스, 대파는 적당한 크기로 썬다.

3

냄비에 두부, 아스파라거스, 대파, 물을 넣고
뚜껑을 덮은 후 센 불에서 5분간 찌듯이 익힌다.

4

믹서에 ③, 귀리밀크, 소금을 넣고 곱게 간다.
먹기 전에 통후추 간 것을 넣는다.

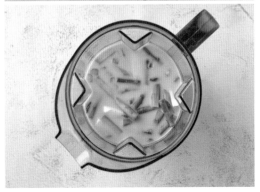

애호박 말차수프

800~1000㎖분

❝ 단호박이 아닌 애호박을 사용한 호박수프예요.
맛을 걱정했던 게 무색할 만큼 애호박과 사과의 맛이 잘 어울린답니다.
아보카도를 넣어 크리미한 질감을 냈고,
지방 분해 성분과 쌉싸래한 맛을 위해 말차가루를 더했습니다. ❞

#지방분해
#노폐물배출
#다이어트

해독 채소수프

- 애호박 약 4/5개(200g)
- 사과 1/2개(100g)
- 아보카도 1/4개(50g)
- 물 1/2컵(100㎖) + 2컵(400㎖)
- 말차가루 1작은술

1

애호박, 사과는 적당한 크기로 썬다.
★ 사과 손질하기 23쪽

2

아보카도는 손질(22쪽)한 후 적당한 크기로 썬다.

3

냄비에 애호박, 사과, 물 1/2컵을 넣고
뚜껑을 덮은 후 센 불에서 4분간 찌듯이 익힌다.

4

믹서에 ③과 나머지 물 2컵, 아보카도, 말차가루를
넣고 곱게 간다.

셀프 디톡스 프로그램

이 책에 소개된 스무디, 채소수프를 활용해 만든 몇 가지 프로그램을 소개합니다.

상황에 맞는 프로그램을 선택해 그대로 따라 해보세요.

급찐급빠 올데이 스무디
하루 세 번 1일 **프로그램**

여행을 다녀온 후, 명절을 보낸 후, 모임 후 단기간에 늘어난 체중과 붓기를 관리할 수 있는 프로그램이에요. 고형 식품은 전혀 먹지 않고 세 끼 식사는 물론 간식까지 모두 스무디로 먹기 때문에 소화 효소가 많이 필요하지 않아 몸을 빠르게 비울 수 있어요. 극단적인 프로그램으로 오래 진행하면 폭식의 위험이 있으므로 딱 하루씩만 진행하는 것을 추천합니다. 그렇게 3~4일에 한 번, 일주일에 한 번씩 진행하면 서서히 몸이 가벼워지는 걸 느낄 수 있어요.

1 하루 세 번 식사 대용으로 한 번에 500㎖씩 마십니다.
   한 번에 마시기 어려운 경우는 나눠서 마시는 것도 괜찮습니다.
2 기본 스무디 버전과 몸이 차가운 분을 위한 채소수프 버전으로 소개합니다.
3 채소수프 버전은 따뜻하게 데워서 먹길 추천합니다.
4 허전할 경우 스무디에 부족한 단백질을 보충하기 위해 에너지스무디를 간식으로 마십니다(최대 하루 2번).

	아침	점심	저녁
스무디 세트 1	셀러리 청포도스무디 (52쪽)	토마토 사과스무디(68쪽)	케일 키위스무디(46쪽)
스무디 세트 2	베이직 셀러리스무디(40쪽)	퍼플스무디(80쪽)	십자화과 채소스무디(48쪽)
스무디 세트 3	ABC스무디(62쪽)	토마토 수박스무디(74쪽)	레벨업 그린스무디(54쪽)
채소수프 세트 1	데일리 해독수프(148쪽)	데일리 해독수프(148쪽)	데일리 해독수프(148쪽)
채소수프 세트 2	베이직 토마토수프(150쪽)	토마토 보양수프(154쪽)	셀러리 두유수프(168쪽)
채소수프 세트 3	무 양배추수프(158쪽)	두부 콜리플라워수프(162쪽)	무 양배추수프(158쪽)

간식 (선택)	아몬드밀크(92쪽), 캐슈밀크(94쪽), 병아리콩 두유스무디(102쪽), 카카오 비트스무디(104쪽), 귀리 카카오스무디(106쪽)

3 DAY

작심삼일러를 위한
하루 두 번 3일 **프로그램**

아침 저녁은 스무디로, 점심은 일반식으로 진행하는 프로그램으로,
하루 세끼를 스무디로만 식사하기 어려운 직장인이나 꼭 한 끼는 밥을 먹어야 하는 분에게 추천합니다.
또한 식단을 오래 유지하지 못하는 분들도 딱 3일만 집중해서 관리한다는 각오로 진행하기 좋습니다.

1 아침에는 스무디 또는 채소수프 500㎖를 마십니다. 과일을 약간 곁들여도 괜찮습니다.
2 점심은 영양소를 골고루 챙겨 잡곡밥 위주의 일반식으로 먹습니다.
3 저녁에는 스무디 또는 채소수프 500㎖를 마십니다.
4 채소수프는 따뜻하게 데워서 먹길 추천합니다.
5 허전할 경우 뷰티 컬러스무디 또는 에너지스무디를 간식으로 마십니다.

	아침	저녁
스무디 세트 1	시금치 사과스무디(36쪽)	레벨업 그린스무디(54쪽)
스무디 세트 2	파인애플 그린스무디(42쪽)	케일 키위스무디(46쪽)
스무디 세트 3	아보카도 사과스무디(38쪽)	애호박 키위스무디(50쪽)
채소수프 세트 1	데일리 해독수프(148쪽)	베이직 토마토수프(150쪽)
채소수프 세트 2	당근 토마토수프(166쪽)	무 양배추수프(158쪽)
채소수프 세트 3	베이직 토마토수프(150쪽)	두부 콜리플라워수프(162쪽)
간식 (선택)	시트러스스무디(76쪽), 참깨 베리스무디(100쪽), 시나몬 강황라테(110쪽)	

7 DAY

느슨하게 그러나 확실히
하루 한 번 7일 **프로그램**

1~3일 동안 집중하는 프로그램이 힘들거나 스무디로 식사를 대체하는 것이 부담스럽다면
간식으로라도 하루 한 잔씩 스무디를 챙겨보세요. 빠른 효과는 느끼지 못해도
일주일, 이주일 쌓이면 분명 다른 점이 느껴질 거예요.

1 식사 대신 마실 경우 500㎖를 마셔요.
  아침에 마시면 배출에 도움이 되고, 저녁에 마시면 체중 조절에 도움이 됩니다.

2 세 끼 식사를 모두 하는 경우 저녁 식사 30분전에 200~300㎖를 마셔요.
  자연스럽게 포만감이 커져 식사량이 줄어듭니다.

	세트1	세트2	세트3
1일	시금치 사과스무디(36쪽)	시트러스스무디(76쪽)	케일 멜론스무디(44쪽)
2일			체리 파인스무디(78쪽)
3일	토마토 보양수프(154쪽)	당근 토마토수프(166쪽)	케일 키위스무디(46쪽)
4일		베이직 셀러리스무디(40쪽)	ABC스무디(62쪽)
5일			베이직 토마토수프(150쪽)
6일	토마토 사과스무디(68쪽)	V5스무디(84쪽)	셀러리 청포도스무디(52쪽)
7일			애호박 말차수프(172쪽)

재료별 메뉴 찾기 / 채소

재료별 메뉴 찾기 / 과일

저자의 책

일반인도 맛있게 즐길 수 있는
통곡물로 맛과 영양 담은 채식 베이킹

☑ 통곡물로 간단하게 만드는 쿠키부터 건강 재료를
　조합한 그래놀라, 영양바까지 46가지 비건 베이킹

☑ 다양한 통곡물 가루를 황금 비율로 배합해
　통밀 위주의 비건 베이킹보다 다채로운 맛과 풍미

☑ 오일과 당류의 다양한 활용, 씨앗, 견과, 채소, 과일을
　넉넉히 더하는 복합적인 비건 베이킹 지향

☑ No sugar, No gluten, No oil을 표시해
　알러지 유무나 기호에 따라 선택 가능한 메뉴

〈 홀그레인 비건 베이킹 〉
김문정 지음 / 168쪽

매일 즐겁게 지속 가능한
맛도 영양도 부족함 없는 완성형 채식

저자의 책

☑ 통곡물로 만드는 음료부터 수프, 밥, 면, 빵,
　그라탱과 일품요리, 사이드디시 등 60가지 채소 요리

☑ 7가지 통곡물로 영양, 맛, 식감을, 슈퍼푸드,
　씨앗류, 견과류, 콩류로 풍성함을 더한 메뉴들

☑ 곡물 불리는 법부터 일상 요리에 활용하는 법까지
　홀그레인 사용에 관한 A to Z 소개

☑ 채소 본연의 맛을 살리면서 남녀노소 입맛을
　사로잡는 양념과 소스 비법 공개

〈 홀그레인 채소 요리 〉
김문정 지음 / 176쪽

당뇨 전단계에서 혈당, 혈압, 체중까지
정상으로 돌아온 셰프의 맛보장 저탄수 레시피

☑ 달걀&오트밀 요리, 수프, 샐러드, 밥&면, 일품요리,
음료&간식 등 84가지 저탄수 균형식 레시피

☑ 당뇨 전단계 진단을 받은 요리연구가인 저자가
직접 개발하고 식단을 통해 실천한 메뉴 수록

☑ 저탄수 균형식을 위한 저탄수 밥, 저탄수 홈메이드
소스, 드레싱, 육수 등 알짜 정보 소개

☑ 전문 영양사의 정확한 1인분 영양 분석,
영양 전문가의 자문으로 믿을 수 있는 탄탄한 내용

〈 당뇨와 고혈압 잡는 저탄수 균형식 다이어트 〉
윤지아 지음 / 208쪽

영양 밸런스 딱 맞춘
만들기도, 먹기도 편한 한그릇 건강식

☑ 일상의 건강식은 물론 도시락, 브런치로 좋은
포케볼, 샐러드볼, 요거트볼, 수프볼 55가지

☑ 열량 250~600kcal, 탄단지 비율 약 50 : 25 : 25로
균형 있게 개발한 간편하고 맛있는 한 끼

☑ 건강 다이어트 요리잡지 〈더라이트〉 헤드쿡이었던
저자의 꼼꼼한 영양분석과 맛 보장 레시피

☑ 식사 준비를 수월하게 하는 밀프렙 방법,
냉장고 재료를 소진할 대체재료 활용법 소개

〈 매일 만들어 먹고 싶은 탄단지 밸런스 건강볼 〉
배정은 지음 / 180쪽

매일 만들어 먹고 싶은

디톡스 스무디
& 건강음료

1판 1쇄 펴낸 날   2024년 6월 4일

편집장   김상애
책임편집   고영아
디자인   원유경
사진   박형인(studio TOM)
기획 · 마케팅   내도우리, 엄지혜

편집주간   박성주
펴낸이   조준일

펴낸곳   (주)레시피팩토리
주소   서울특별시 용산구 한강대로 95 래미안용산더센트럴 A동 509호
대표번호   02-534-7011
팩스   02-6969-5100
홈페이지   www.recipefactory.co.kr
애독자 카페   cafe.naver.com/superecipe
출판신고   2009년 1월 28일 제25100-2009-000038호

제작 · 인쇄   (주)대한프린테크

값 19,800원
ISBN 979-11-92366-38-8

제품 협찬 / 뉴트리불렛 멀티 콤보 블렌더, 퍼스널 블렌더, 휴대용 미니 블렌더